无人集群智能技术系列图书

多 UAV 集群可控攻击协同任务规划关键技术

何兵　赵欣　沈涛　胡琛　秦伟伟　著

西安电子科技大学出版社

图书在版编目(CIP)数据

多 UAV 集群可控攻击协同任务规划关键技术/何兵等著. —西安：西安电子科技大学出版社，2023.3

ISBN 978 - 7 - 5606 - 6217 - 6

Ⅰ. ①多…　Ⅱ. ①何…　Ⅲ. ①无人驾驶飞行器—协同作战—研究　Ⅳ. ①E926.399

中国版本图书馆 CIP 数据核字(2021)第 191282 号

策　　划　明政珠
责任编辑　明政珠　孟秋黎
出版发行　西安电子科技大学出版社(西安市太白南路 2 号)
电　　话　(029)88202421　88201467　　邮　编　710071
网　　址　www.xduph.com　　　　　　电子邮箱　xdupfxb001@163.com
经　　销　新华书店
印刷单位　陕西天意印务有限责任公司
版　　次　2023 年 3 月第 1 版　2023 年 3 月第 1 次印刷
开　　本　787 毫米×1092 毫米　1/16　印张 10.75
字　　数　246 千字
定　　价　59.00 元

ISBN 978 - 7 - 5606 - 6217 - 6/E

XDUP 6519001 - 1

＊＊＊如有印装问题可调换＊＊＊

前言 >>>>>

多 UAV 集群可控攻击是信息化条件下的一种新型作战样式,是指在飞行过程中构建 UAV(Unmanned Aerial Vehicle)—卫星—地面指控中心实时通信链路,进行飞行状态监控、机载实时侦察、突现威胁规避、目标在线调整和人工指引攻击,较传统作战样式有更大的作战灵活性和协同性。本书以多 UAV 集群可控攻击为背景,针对其中的协同任务规划问题,按照数学描述、模型构建、算法求解、典型应用的思路,由表及里、由浅入深地介绍了协同任务分配和航迹规划关键技术及应用实践。

全书共 8 章:

第 1 章介绍了多 UAV 协同作战的国内外研究现状,归纳总结了多 UAV 协同任务分配方法和多 UAV 航迹规划方法。

第 2 章建立了多 UAV 协同任务规划模型及分层求解框架,设计了多 UAV 集群可控攻击协同作战体系结构和典型协同作战模式。基于典型作战模式对协同任务规划问题进行了描述和分析,建立了相应的任务规划模型,提出了协同任务规划问题的分层求解框架。

第 3 章研究了多 UAV 集群可控攻击协同任务分配问题分析及模型。对协同任务分配问题进行了数学描述,明确了协同约束条件,提出目标价值收益等优化指标,建立了协同任务分配的多约束多目标整数优化模型。

第 4 章研究了多 UAV 集群可控攻击协同任务分配求解思路。针对预先协同任务分配求解方法,提出了基于 CNSGA‑Ⅱ 算法与差分进化算法的混合优化 IDE-CNSGA‑Ⅱ 算法,并在算法中引入搜索偏向策略以增强算法边界搜索能力,给出了基于 IDE-CNSGA‑Ⅱ 算法的协同任务分配方法;针对在线协同任务重分配问题,设计了在线任务重分配流程,给出了在线协同任务重分配的方法及步骤。

第 5 章建立了多 UAV 集群可控攻击协同航迹规划模型。分析了协同作战过程中的飞行环境、武器性能等基本约束条件;针对空间协同、时间协同和攻击角度协同要求,建立了协同约束数学模型,并结合航迹规划空间、航迹表示方法、航迹评价函数,建立了单架 UAV 航迹规划模型和多 UAV 的协同航迹规划模型。

第 6 章研究了面向任务分配的航迹快速预估方法。建立了面向任务分配的二维航迹规划简化模型，提出了基于 Voronoi 图理论和遗传算法的航迹快速规划方法，并采用动态遗传编码方案，实现了面向任务分配的航迹快速预估。

第 7 章研究了基于自适应量子免疫克隆算法的协同航迹规划方法。研究了多 UAV 集群协同航迹规划的策略和步骤，基于量子免疫克隆算法，引入量子观测熵的概念对进化程度进行度量；提出了一种基于自适应量子免疫克隆选择算法的航迹规划方法。为了解决单架多 UAV 航迹规划问题，在自适应量子免疫克隆算法进化过程中引入 K 均值聚类方法，实现了具有空间差异性的单架 UAV 多航迹规划。基于多航迹规划结果，协同管理层完成了多 UAV 集群的预先协同航迹规划，为航迹规划提供一种新的思路。

第 8 章研究了多 UAV 集群可控攻击在线即时协同航迹规划方法。研究了协同时间调整、突现威胁规避和攻击目标变更三种典型在线调整作战模式；设计了典型作战模式下的在线协同航迹规划流程和航迹协同策略；针对在线航迹规划强实时性要求，采用了稀疏 A* 算法，并改进其 OPEN 表插入方式，同时引入分层规划策略、有线规划策略和分布式并行计算策略，以提高航迹规划速度；基于改进稀疏 A* 算法和快速规划策略，提出了典型在线作战模式下的即时在线协同航迹规划方法。

本书以多 UAV 集群可控攻击为应用背景，以协同作战任务规划为研究对象，以协同任务规划中的关键问题为着力点，开展的协同任务分配和协同航迹规划关键技术研究成果，为多 UAV 武器信息化改造和智能化协同作战提供理论支撑和关键技术支持。

本书的作者为火箭军工程大学一线教师。本书在著写过程中得到了火箭军工程大学核工程学院各位领导的大力支持。此外，本书还得到了黄宁、潘点恒、叶多福、朱晓宇、代琪、李青勇等同学的协助，在此一并表示衷心的感谢！

希望本书能使读者学有所得。同时，由于作者水平有限，书中不当之处在所难免，欢迎广大同行和读者批评指正。

何 兵

火箭军工程大学

2021 年 4 月

目录 >>>>>

第1章　绪论 ·· 1

1.1　研究背景 ··· 1

1.2　国内外研究现状 ··· 2

1.2.1　多 UAV 协同作战国内外研究现状 ······························· 2

1.2.2　任务规划系统国内外研究现状 ···································· 3

1.2.3　多 UAV 协同任务分配方法研究现状 ····························· 4

1.2.4　多 UAV 航迹规划方法研究现状 ································· 7

第2章　多 UAV 集群可控攻击协同任务规划问题描述与
　　　　分析 ··· 10

2.1　多 UAV 集群可控攻击协同作战样式 ····································· 10

2.1.1　多 UAV 集群可控攻击作战体系结构 ··························· 10

2.1.2　多 UAV 集群可控攻击协同作战分析 ··························· 11

2.1.3　多 UAV 集群可控攻击典型协同作战模式 ····················· 12

2.2　典型协同作战模式下的协同任务规划问题分析 ······················· 13

2.2.1　协同任务规划问题描述 ··· 13

2.2.2　任务规划的特性分析 ··· 14

2.2.3　任务规划系统控制体系结构 ···································· 15

2.3　典型协同模式下的任务规划模型 ·· 16

2.3.1　协同任务规划约束条件 ··· 16

2.3.2　协同任务规划技术指标 ··· 17

2.4　任务规划问题分层求解方法 ··· 17

2.4.1　任务规划层次分析 ··· 17

2.4.2　任务规划层次分解框架 ··· 18

本章小结 ··· 21

第3章　多 UAV 集群可控攻击任务分配问题分析及建模 ········· 22

3.1　多 UAV 集群协同任务分配概述 ·············· 22

3.1.1　一个简单实例 ·············· 22

3.1.2　多 UAV 集群协同任务分配模型概述 ·············· 23

3.2　多 UAV 集群协同任务分配形式化描述 ·············· 24

3.2.1　基本假设 ·············· 24

3.2.2　协同任务分配形式化描述 ·············· 24

3.3　多 UAV 集群可控攻击多目标协同任务分配模型 ·············· 27

3.3.1　决策变量设计 ·············· 27

3.3.2　协同任务分配约束条件分析及数学表达 ·············· 27

3.3.3　协同任务分配优化指标 ·············· 31

3.3.4　协同任务分配数学模型 ·············· 33

本章小结 ·············· 35

第4章　多 UAV 集群协同任务分配与在线任务调整方法 ········· 36

4.1　多 UAV 集群可控攻击协同任务分配求解思路 ·············· 36

4.2　进化多目标优化算法 ·············· 37

4.2.1　多目标优化模型 ·············· 37

4.2.2　进化多目标优化算法 ·············· 38

4.2.3　多约束条件下的多目标优化算法 ·············· 38

4.3　改进的差分进化 CNSGA - Ⅱ 算法 ·············· 39

4.3.1　CNSGA - Ⅱ 算法的流程 ·············· 39

4.3.2　差分进化算法 ·············· 41

4.3.3　增强边界搜索的多目标差分进化 ·············· 42

4.3.4　改进的差分进化 CNSGA - Ⅱ 算法框架 ·············· 44

4.3.5　IDE - CNSGA - Ⅱ 算法试验 ·············· 45

4.4　基于IDE-CNSGA-Ⅱ算法的多UAV协同任务分配方法……… 52

    4.4.1　编码设计 ………………………………………………… 52

    4.4.2　目标函数和约束条件 …………………………………… 53

    4.4.3　进化操作 ………………………………………………… 53

4.5　协同任务分配试验结果与比较 ……………………………… 54

    4.5.1　试验条件及假设 ………………………………………… 54

    4.5.2　仿真结果 ………………………………………………… 58

    4.5.3　仿真结果分析 …………………………………………… 63

4.6　多UAV集群可控攻击在线协同任务重分配方法 …………… 64

    4.6.1　突现任务分类 …………………………………………… 64

    4.6.2　突现任务执行过程 ……………………………………… 64

    4.6.3　候选UAV确定方法 …………………………………… 65

    4.6.4　完成任务UAV的确定 ………………………………… 66

    4.6.5　任务协调 ………………………………………………… 69

    4.6.6　仿真计算 ………………………………………………… 70

本章小结 ……………………………………………………………… 72

第5章　多UAV集群可控攻击协同航迹规划模型 ……………… 73

5.1　飞行器航迹规划基本概念 …………………………………… 73

    5.1.1　航迹规划定义 …………………………………………… 73

    5.1.2　航迹规划过程 …………………………………………… 74

5.2　航迹规划需要考虑的基本问题 ……………………………… 75

5.3　协同航迹规划问题描述 ……………………………………… 77

5.4　多UAV协同航迹规划模型 …………………………………… 78

    5.4.1　航迹规划环境的数学描述 ……………………………… 78

    5.4.2　飞行航迹表示方法 ……………………………………… 79

5.4.3　协同航迹规划约束条件分析及模型 ·············· 80

5.4.4　威胁建模 ················· 82

5.4.5　航迹评价及代价函数 ············· 83

5.4.6　总体代价指标 ·············· 84

5.4.7　多 UAV 协同航迹规划数学模型 ··········· 85

本章小结 ·················· 86

第6章　面向任务分配的 UAV 航迹快速预估方法 ······ 87

6.1　任务分配与航路预估 ·············· 87

6.2　面向任务分配的航迹规划简化模型 ·········· 88

6.3　基于 Voronoi 图的航迹规划方法 ·········· 89

6.3.1　Voronoi 图的概念 ············· 89

6.3.2　基于 Voronoi 图的航迹规划空间描述 ······· 90

6.3.3　传统基于 Voronoi 图的航迹规划方法 ······· 90

6.4　基于 Voronoi 图和遗传相结合的航迹规划方法 ····· 91

6.4.1　构造赋权有向图 ············· 91

6.4.2　基于遗传算法的最优航迹搜索 ········· 91

6.4.3　基于 Voronoi 图和遗传算法的航迹规划方法描述 ·· 95

6.5　仿真结果与分析 ·············· 95

本章小结 ·················· 98

第7章　基于自适应量子免疫克隆算法的协同航迹规划方法 ······ 99

7.1　协同航迹规划基本思想 ············· 99

7.1.1　协同航迹规划策略 ············ 99

7.1.2　协同航迹规划流程及步骤 ·········· 101

7.2　自适应量子免疫克隆算法 ··········· 103

  7.2.1 量子计算基本概念 ……………………………… 104

  7.2.2 量子免疫克隆算法 ……………………………… 105

  7.2.3 自适应量子免疫克隆算法 ……………………… 107

 7.3 基于 AQICA 的 UAV 航迹规划 ……………………… 108

 7.4 基于 AQICA 算法的 UAV 协同航迹规划 …………… 111

  7.4.1 基于 AQICA 算法的单架 UAV 多航迹规划 … 111

  7.4.2 基于 AQICA 算法的 UAV 协同航迹规划仿真 … 114

 本章小结 ……………………………………………… 120

第8章 **多 UAV 集群可控攻击在线即时协同航迹规划方法** …… 121

 8.1 在线即时协同航迹规划问题描述 ………………… 121

 8.2 典型多 UAV 集群可控攻击作战样式下的航迹在线调整策略 … 122

  8.2.1 多 UAV 集群可控攻击在线调整样式 ……… 122

  8.2.2 典型作战模式下的航迹模式 ………………… 124

  8.2.3 在线即时协同航迹规划流程与规划策略 …… 125

 8.3 在线即时航迹规划算法及策略 …………………… 128

  8.3.1 稀疏 A* 算法 …………………………………… 128

  8.3.2 分层规划策略 ………………………………… 129

  8.3.3 有限区域规划策略 …………………………… 130

  8.3.4 多线程并行计算方法 ………………………… 131

  8.3.5 OPEN 表插入改进方法 ……………………… 133

  8.3.6 基于改进 A* 算法的航迹规划过程 ………… 135

 8.4 典型作战样式下的在线即时协同航迹规划方法 … 135

  8.4.1 协同时间调整作战模式下的航迹规划方法 … 135

  8.4.2 突现威胁规避作战样式下的航迹规划方法 … 139

  8.4.3 攻击目标变更作战样式下的航迹规划方法 … 141

8.5　仿真与分析 ……………………………………………… 142

8.5.1　协同时间调整作战模式下的航迹规划仿真 ………… 143

8.5.2　突现威胁下的航迹规划仿真 ………………………… 145

8.5.3　攻击目标变更作战模式下的航迹规划仿真 ………… 146

8.5.4　在线即时协同航迹规划仿真结果分析 ……………… 148

本章小结 ……………………………………………………… 148

附录　主要缩略词说明 ………………………………………… 149

参考文献 ………………………………………………………… 151

第 1 章 绪 论

1.1 研 究 背 景

巡航导弹、无人机（Unmanned Aerial Vehicle，UAV）等由于具有精度高、隐蔽性强、机动灵活、成本低、便于控制战争规模等优点，成为现代战争中完成对地、对海、对电磁实施全天候、全天时、全方位、全空域、全程覆盖精确打击的主力，在现代战争中扮演了重要角色，发挥了拳头作用。在海湾战争、科索沃战争、阿富汗战争、伊拉克战争等最近几场世界范围内的局部战争中，巡航导弹、无人机通常作为先发武器吹响进攻的号角，在作战初期用于使敌方的防空设施、通信枢纽和指挥控制中心瘫痪，在作战过程中承担了大量的精确打击任务，如对敌方导弹阵地以及机场、港口等地面目标及其他重要的军事、工业、交通目标和公用设施的打击。

作为信息化战争中的"制高点"，空天信息是重要的作战资源。在外层空间部署和工作的空间信息系统，具有覆盖范围大、运行轨道高、速度快、不受地面防空武器威胁和国界与地理条件的限制等特点，已成为作战力量的重要组成部分。纵观最近几次世界范围内的局部战争，空间信息系统以惊人的速度被推向现代战争的最前沿，在战争中担负着预警、导航、通信、侦察、监视、跟踪等重要任务。在科索沃战争中，70%以上的战场通信、80%以上的战场侦察监视信息、近100%的气象预报信息和近100%的精确制导武器终端辅助制导信息，都来自空间或者通过空间传输。空天信息所发挥的巨大信息支持功能，正在改变着战争的形态，影响着战争的模式。

空间信息系统的大力发展和空间信息资源的广泛使用，为武器系统信息化带来了契机。在空天信息支援下，远程 UAV 武器正朝着信息化、协同化和智能化方向发展。美军战斧 Block-Ⅳ巡航导弹，采用了双向卫星数据链，可在飞行途中改变飞行导弹的预定轨迹，重定向到新目标，并具备战场上空巡逻能力，其作战样式体现了前所未有的灵活性。俄罗斯的花岗岩导弹采用了领弹协同攻击模式，将领弹作为中继制导站，装备先进的探测与抗干扰系统，可根据战场情况，实时修正数据，实现多弹之间的协同攻击。空天信息资源在武器系统中的广泛应用，有效地提高了 UAV 的突防能力、电子对抗能力、时间敏感目标的打击能力和复杂背景下的目标识别能力，催生了遥控攻击、多 UAV 集群可控攻击、集群智能协同攻击等新型作战样式。

多 UAV 集群可控攻击是信息化条件下的新型作战样式，是指 UAV 在飞行中通过卫星数据链构建 UAV—卫星—地面管控系统实时通信链路，形成一体化的信息闭环，具备飞行状态监控、机载实时侦察、突现威胁规避、目标在线调整和人工指引攻击等新型作战能力，使得 UAV 对复杂战场环境变化的快速反应能力以及综合突防能力大幅增强，能够极大地增强作战的灵活性和协同性，是当前武器系统发展的热点和趋势。

　　任务规划系统是武器系统的大脑。武器系统的智能化水平从"硬件"上依赖于武器系统的信息化水平，从"软件"上则取决于任务规划系统的智能化水平。多 UAV 集群可控攻击能力和协同作战能力转化为综合作战效能最终需要通过任务规划系统来实现。复杂的战场环境、灵活的作战模式、多样化的作战任务和协同作战要求，使得多 UAV 集群协同任务规划呈现出任务类型多、模型复杂、耦合程度高和时间要求紧的特点。这已成为急需解决的关键难题，亟待开展相关的基础理论研究。

　　本书以多 UAV 集群可控攻击为研究对象，以协同任务规划中的关键问题为着力点，构建了中继卫星支持下的多 UAV 集群可控攻击体系，设计了多 UAV 集群可控攻击作战模式，为武器系统智能化水平提升提供了思路。本书的研究为多 UAV 集群信息化改造和智能化协同作战提供了理论支撑和关键技术支持。

1.2　国内外研究现状

　　以下以多 UAV 集群为对象，从四个层次进行相关研究现状的总结和分析：一是多 UAV 协同作战国内外研究现状；二是任务规划系统国内外研究现状；三是多 UAV 协同任务分配方法研究现状；四是多 UAV 航迹规划方法研究现状。

1.2.1　多 UAV 协同作战国内外研究现状

　　现代化战争带来的挑战使得武器系统之间协同问题的研究越来越受到世界各国军方的关注。美、俄等军事强国分别提出了一些协同作战的观念和方法。20 世纪 70 年代中期，美军第一次提出了协同作战的概念；1997 年，美国海军首先提出了"网络中心战"的概念，其后逐渐被其他军种接受，并在阿富汗战争和伊拉克战争中得到初步的实战验证。近年来，美国针对未来技术的发展和国际形势的变化，又将其网络中心战扩展至全球，开始构建全球信息网格，其核心概念就是在任何时候对任何地点的突发事件能够做出及时反应。2002 年，美国启动了"网火"战术导弹系统的研究。该系统采用了巡逻攻击导弹与精确打击导弹协同作战的模式，将火力打击、侦察监视、效能评估和打击过程中的任务分配与转换等功能通过数据链凝聚于一体，开创了基于网络支持的、无缝的和自主与受控攻击相结合的"多功能火力系统"运用模式。美国联合部队司令部（Joint Force COMmand，JFCOM）2004 年 6 月在北加利福尼亚举行了代号为"向前看"的演习，检验多架不同类型无人机的协同作战能力。该演习采用了四种类型的无人机，包括长航型"捕食者"、战术型"阴影"、小型"扫描鹰"和"银狐"无人机。美国国防部于 2005 年 8 月出台的新版《2005—2030 年无人机路线图》，提出了无人机集群使用的目标，以便融合多架无人机的各种功能，提高综合作战效能。《防务新闻》2007 年 4 月 9 日报道，极光飞行科学公司已被美国海军授予项目合同，旨在开发多种无人系统自主协同执行任务的技术，包括无人机（UAV）、无人水面艇（USV）和无人水下艇（UUV）。雷声公司研发的战斧 Block - Ⅳ 巡航导弹，加装了双向卫星数据链，可在飞行途中改变飞行导弹的预定轨迹，重定向到新目标，并具备战场上空巡游能力以等待更关键目标出现，提供了前所未有的作战灵活性。

　　20 世纪 70 年代，苏联海军针对占优势的美国航空母舰编队制定了饱和攻击战术；到 20 世纪 80 年代中期，苏联海军已经形成了饱和攻击的作战体系，该作战体系体现了初步的多 UAV 协同攻击。为了进一步提升协同攻击效果，俄罗斯研发的Ⅱ-700 花岗岩超声速反舰导弹可将陆、海、空基传感器，甚至卫星获得的信息融合，解算目标数据，实现目标信息共享，进行飞行中的任务规划，实施自主攻击。该型导弹采用了领弹与攻击弹协同的攻击方式，将领弹作为中继制导站，根据战场情况，领弹可实时修正数据，并将攻击指令分配给低空飞行的战斗弹，体现了导弹协同作战的理念。

从美俄等军事强国的军事发展来看，多 UAV 协同作战是未来战争的重要发展方向。从当前美俄等国的协同作战能力和技术水平来看，多 UAV 协同作战正在向作战网络一体化、作战样式多元化、作战武器智能化、作战响应实时化、作战效能最大化的方向演进。

1.2.2 任务规划系统国内外研究现状

西方发达国家十分关注飞行器任务规划系统的研究，将任务规划作为军事核心技术，投入了大量人力、物力进行理论分析和仿真研究，目前已开发出一些实用的任务规划系统。美国是任务规划研究领域的领先国家，其海陆空三军都装备有不同类型的任务规划系统，如 1992 年研制成功的空军任务支援系统（Air Force Mission Support System，AFMSS），1996 年完成的 Windows 环境下的便携式飞行规划软件（Portable Flight Planning Software，PFPS），1998 年的海军任务规划系统（NAVal Mission Planning System，NAVMPS）、海军战术飞机任务规划系统（Tactical Aircraft Mission Planning System，TAMPS）及"战斧"巡航导弹的海上规划系统，2002 年的联合任务规划系统（Joint Mission Planning System，JMPS）。其中，NAVMPS 系统能够快速地处理大量的数字化地形、威胁和环境数据，为无人飞行器和远距离武器等提供自动化的任务规划；JMPS 系统主要用来制定飞行威胁分析、飞机航路和攻击协调等航空任务计划。英国 GEC 航空电子设备公司和亨廷顿英格尔斯工业公司共同研制成功了 Pathfinder 2000 任务规划系统，法国完成了 MIPSY、CINNA 和 CIRCE2000 等三个系列的飞机任务规划系统。

除军方或政府机构外，国外多所著名大学和科研院所亦积极发起或参与到多任务规划领域的研究项目中。相关院校和研究所包括美国国防部高级研究计划局（DARPA）、空军研究实验室（AFRL）、空军理工学院（AFIT）、麻省理工学院（MIT）、华盛顿大学、科内尔大学、加州理工大学、卡内基梅隆大学以及 Honeywell 技术中心等，已分别对其中的协同控制规划、协同路径规划、混合主动控制以及自主编队控制问题进行了深入研究。美国国防部高级研究计划局（DARPA）开发了自治编队混合主动控制 MICA 项目、自主协商编队 ANT 项目和联合无人航空作战系统 JUCAS 项目等。2001 年，美国麻省理工学院、科内尔大学、加州理工大学和加州大学洛杉矶分校四所大学联合发起了一项为期 5 年的复杂环境下分布式自主平台协同控制研究项目 CCDAVAE。该项目提出在未来大规模网络化环境下，研究分布式协同控制和决策方法，实现多 UAV 系统复杂、自适应和灵活的行为。为此，各大学分别在 UAV 分布式多协同控制中的底层路径规划、中层编队决策、高层资源管理以及网络通信方面开展合作研究。欧洲的多类型无人机实时协调与控制项目（COMETS）重点研究多个异构平台的实时协调与控制问题，其目标是针对多类异构的 UAV（包括无人直升机和无人飞艇）组成的协同探测和监视系统，设计实现分布式控制结构，集成分布式信息感知和实时图像处理技术。澳大利亚悉尼大学的 ARC 自主系统高级研究中心在多 UAV 协同控制领域的研究也十分活跃，针对多 UAV 协同控制中的分布式信息融合、协作目标跟踪等问题开展了较深入的研究，并在小型平台上进行了实验验证。从研究内容看，以上研究项目涵盖了协同任务规划结构、协同信息处理与融合、任务分配与协调、航迹规划与轨迹优化等多方面内容。

我国近年来也逐步开始重视集群飞行器任务规划系统的研制开发，并取得了一定的科研成果。目前较为成熟和定型的任务规划系统基本都是针对直升机、有人战术飞机和系统开发的，主要有巡航导弹任务规划系统、反舰导弹任务规划系统、空军作战计划辅助决策生成系统、无人机任务规划系统、卫星调度任务规划系统。

在任务规划技术的理论研究方面，国内各相关院所结合项目进行了大量任务规划领域的研究。如中国科学院、国防科技大学针对不同类型卫星规划需求进行了大量卫星领域任务规划的研究，海军在反舰导弹任务规划需求以及系统框架等方面做了有意义的探讨。其他大学及科研院所，如西北工业大学、北京航空航天大学、南京航空航天大学、北京理工大学、华中科技大学、海军航空工程大学、空军工程大学、装甲兵工程学院、哈尔滨工业大学、航天科技集团五院、航天科工集团三院、国防大学等单位在航天飞行器、巡航导弹、无人机、无人自主战车和机器人等领域也做了一定的研究，成果主要是规划算法、特定问题的仿真分析等。

国外任务规划技术的研究与应用已很深入，特别是无人机、巡航导弹等领域。国外的无人飞行器任务规划技术正在朝着近实时化、网络化和智能化方向发展，呈现出如下的发展趋势：

（1）任务规划系统承担的任务向多种类型组合的复杂任务方向发展。协同任务规划研究初期主要以多 UAV 协同执行单一形式任务为背景，如侦察型无人机协同执行侦察任务、攻击型无人机协同对地攻击任务等。随着研究的深入，察打一体无人飞行器的出现，多种类型无人机组合完成复杂任务的需求越来越大。

（2）任务规划由静态环境中的预先规划向动态环境中的在线规划方向发展。随着任务复杂性的增加，环境中的动态因素不能再被忽略，针对动态环境中的多 UAV 协同任务规划技术将成为现在和未来研究的重点，研究重点由静态环境的预先规划向动态环境中的在线优化转移。

1.2.3　多 UAV 协同任务分配方法研究现状

协同任务分配是协同任务规划的重要组成部分，其目的就是在满足各项战术指标的前提下，明确每个 UAV 分配任务、各自所需执行的任务集合，使之以尽可能低的代价实现尽可能高的任务效能。多协同任务分配问题本质上属于复杂多约束条件下的多目标优化问题，有效解决这一问题的关键在于建立合理的数学模型，明确问题变量和优化目标以及相关约束条件，然后采用高效优化方法进行求解，具体包括多 UAV 协同任务分配建模和任务分配问题的求解算法。

1. 协同任务分配建模

在任务分配问题建模方面，目前大部分思路是将问题转化为经典的模型。主要的经典模型包括动态网络流优化模型、旅行商模型、车辆路径模型、整数线性规划模型。文献[13]建立了多 UAV 任务分配的动态网络流优化模型（DNFO），以 UAV 为离散的供应商，任务为在网络上的物流，任务分配的结果作为需求，执行任务的代价或者收益作为任务在网络中流动的代价，建立供需网络模型，通过对网络流量总代价最小化实现多 UAV 任务分配；文献[15]针对多无人机协同侦察多个地面目标的任务路径问题，以最小化飞行距离为目标，将该问题抽象为一个多旅行商问题（MTSP）；文献[18]将待侦察区域分割成等面积的多个小区域，每架无人机负责侦察一小区域内的目标，然后将问题抽象成多个相互独立的 TSP 问题；文献[16]、[17]将多无人机的协同侦察问题抽象为 MTSPTW，考虑了战场目标的时间窗约束和无人机续航时间约束；文献[19]将多无人机协同侦察多个地面目标的任务路径问题抽象为车辆路径问题（VRP）；美国空军技术研究院建立了扩展带时间窗约束的 CVRPTW 模型，并用于"全球鹰"和"捕食者"无人机协同侦察任务规划的建模；文献[21]～[23]与[20]、[26]、[27]针对多个相同 UAV 执行空对地攻击任务问题，建立了相应的 MILP 模型，定义了相关的约束条件来描述不同类型任务之间的时序约束；文献[24]针对多 UAV 协同动态任务分配问题，提出了基于混合整数线性规划的求解模型，该模型具有很好的描述能力和扩充能力；在 MILP 基础上，文献[25]进一步提出了动态规划模型。上述求解方法通常采用集中式的系统结构，由一个中央单元收集所有信息并承担所有计算任务，数据处理难度大。

当前任务分配问题的分布式求解方法逐步成为学术界关注的热点。文献[28]、[29]研究了多 UAV 的分布式协同任务分配方法，它使用黑板机制和贪婪策略为各 UAV 指派任务；文献[30]提出了基于人工信息素的无人机自组织协调方法，用以协调多架 UAV 的搜索任务；文献[76]提出了基于合同网的分布式协商任务分配方法，将给多 UAV 分配任务的过程看作是一个交易过程，通过"招标－投标－中标"这一市场拍卖机制实现任务的指派和交换；文献[77]提出了基于多智能体满意决策论的多 UAV 任务分配方法；文献[78]借鉴昆虫间通过信息素进行交互的自组织行为，研究了侦察型多 UAV 发现目标后引导攻击机实施攻击的问题；文献[79]针对多 UAV 协同搜索与攻击任务，提出了基于群组理论的多 UAV 任务分配方法。

2. 任务分配问题的求解算法

由于多 UAV 任务分配问题在理论和实践上的重要性，国外已研究和探索了多种任务分配问题的优化求解算法。其发展经历了从简单到复杂、从单一到多元的过程。如文献[31]～[34]研究了基于进化算法（EA）的多 UAV 协同任务分配问题求解方法；文献[35]采用遗传算法进行求解，其仿真结果表明遗传算法（GA）比传统优化方法能够在更短的时间内搜索到更好的解；文献[28]、[29]、[37]、[38]针对多 UAV 侦察多目标的任务分配问题，采用 PSO 进行求解；文献[19]、[40]在解决具有紧耦合关系的多 UAV 与多个位置点间的分配关系时，利用禁忌搜索（TS）算法独特的记忆功能、爬山搜索和全局迭代寻优等优点，可在合理的时间范围内稳定地搜索到较优的解。

国内直接与多 UAV 集群可控攻击协同任务分配相关的研究虽然起步相对较晚，但也已取得较为丰硕的成果。

国内在多 UAV 协同任务分配模型方面，华中科技大学的严平在文献[41]中基于对称群结构描述了 UAV 任务分配问题的解空间，引入了右乘运算构造搜索邻域，通过禁忌搜索算法进行求解；文献[42]将多 UAV 协同任务分配类比为 VRP，研究了解决大规模 UAV 任务分配问题的单亲遗传算法；文献[45]对多 UAV 协同系统中的资源调度问题进行了数学建模，以摧毁目标获得的收益与飞机被摧毁的代价二者的加权和为优化目标，研究了基于遗传算法的动态目标分配方法；文献[48]针对多无人机协同执行侦察任务的任务分配问题，以带时间窗的 VRP 问题模型为原型，提出了多无人机协同侦察任务规划模型，以多目标优化理论为基础，提出了自适应进化多目标优化方法；文献[49]针对多飞行器空对地攻击优化问题给出了基于时序的混合整数线性规划任务分配模型；文献[50]以多目标优化理论为基础，建立了多 UAV 协同任务分配的多目标整数规划模型，在此基础上利用多目标整数规划进化算法进行求解；文献[51]研究了多 UAV 协同执行任务时的预先规划问题，通过引入"虚拟任务区"概念，提出了多目标整数规划进化算法（MOIPEA）来求解多飞行器协同任务分配问题；文献[52]提出了基于满意决策的多飞行器协同的目标分配技术，为解决多飞行器协同的目标分配问题和多机场起飞的飞行器编队配置问题提供了一种新颖而有效的方法；文献[53]利用 Multi-Agent 技术，为飞行器协同任务分配建立数学模型并进行求解；文献[43]针对多 UAV 协同作战任务分配问题，建立了多目标整数规划模型，将问题的启发性知识融入遗传算法，提出了基于整数编码的混合遗传算法；西北工业大学的高晓光等学者提出了分层任务网络规划方法等。

在多 UAV 协同任务目标分配算法方面，文献[46]将改进的并行蚁群优化方法应用于多任务分配问题；文献[47]则针对多无人机多目标任务分配问题，提出了一种基于差分进化算法的分配方法；文献[54]建立了扩展的协同多任务分配模型，采用基于分工机制的蚁群算法对飞行器协同多任务分配问题进行研究；文献[55]将多 UAV 协同任务分配类比为VRP，研究了解决大规模任务分配问题的单亲遗传算法，仿真实验验证了 3 架 UAV 协同攻击 10 个目标点的情况；文献[56]研究了基于遗传算法的动态目标分配方法；文献[57]将改进的并行蚁群优化方法应用于多 UAV 任务分配问题，给出了求解步骤，并基于 Matlab构建了仿真环境；文献[58]则针对多无人机多目标任务分配问题，提出了一种基于差分进化算法的分配方法；文献[59]研究了基于粒子群算法的多 UAV 任务分配算法；文献[60]针对多无人机协同搜索面临的通信延迟和分布式的计算环境，引入合适的缓冲周期，并允许各 UAV 采用不同的规划窗口，从而实现规划时间的解耦，进而给出了基于分布式模型预测的搜索算法。

当前对多 UAV 协同任务分配问题的研究有很多的方法，在问题建模、求解策略和算法方面取得了很多研究成果。但是对于多 UAV 协同任务分配问题，当前的研究还存在以下问题。

（1）模型方面存在的问题。首先，鉴于目前大多数多 UAV 系统数量少且类型单一，装备体系结构的设计和任务分配方法对系统内 UAV 之间的可重构性考虑较少。系统使用时，在面对 UAV 损毁、发现新目标、目标消失等突发情况时，不能及时适应战场态势的变化，综合效能大受影响。其次，目前用于多 UAV 任务分配的优化方法大多基于传统优化方法，这些方法往往针对的都是一些单目标函数的优化问题，所得到的任务分配往往也是在某一个目标上最有效，与实际战场情况出现较大偏差。最后，多无人机系统往往处于未知的动态环境下，战场态势瞬息万变，目标分配应该能够适应突发情况，这就要求分配算法具有很高的实时性，而现在算法大多数为静态算法，很难达到"实时"的要求。

（2）算法方面存在的问题。比如采用人工智能理论进行决策研究也存在一些问题，如专家系统存在着知识提取、表达方面的问题；基于模糊推理规则的模糊理论，规则多、修改困难，实时性难以保证；基于神经网络技术的决策方法存在着难以获得好的训练样本的问题。

国内外在任务分配方面的研究现状呈现出如下发展趋势：一是研究内容从初期单一的单平台航迹规划问题发展到包含异构多平台、多类任务的规划问题；二是技术手段上从以解决预先规划问题为主发展到能够同时兼顾预先规划和在线重规划问题。综观各种多 UAV 协同任务分配特点，未来的任务分配研究应当是以多种理论为基础，综合应用设计决策方法，取长补短。

1.2.4　多 UAV 航迹规划方法研究现状

多 UAV 集群可控攻击航迹规划与现有的航迹规划系统相比较，重点突出了两个方面的要求：一是在线快速规划，主要应用于不确定环境中的航迹修正和任务调整后的在线重新规划；二是多飞行器之间的航迹协同性，要求规划出的航迹之间能够满足一定的时间协同和空间协同要求。

1. 快速航迹规划方面

在低空飞行器快速航迹规划方面，国外学者提出了多种不同的规划方法。目前的突破口在于快速规划策略研究和快速搜索算法的设计。A* 算法是一种经典的快速航迹规划方法，许多学者又对其进行改进，结合航迹约束消减搜索节点提出了稀疏 A* 算法，提高了求解速度，节省了内存空间。美国 AFIT 还采用了并行 A* 算法以求解航线规划即时问题。文献[87]提出了 LRT－A* 算法，其采用执行阶段与规划阶段交替进行的方法，先规划一段航线，在飞行器沿该航线飞行的同时，再进行后续规划，以满足实时性的需要，但是基于 A* 算法的方法仍然是一种全局规划方法，规划时间随着规划空间的增长而增长，不适应于低空飞行器飞行距离达上千公里的场合。文献[86]、[97]为适应环境的动态变化提出了基于网络图的规划方法，该方法在线对网络图进行重构，然后再搜索新航线，该方法需要对网络图进行全部重构，只适合于网络图空间较小的场合。文献[88]、[89]根据模型预测控制理论，引入了预测环节，通过不断在线滚动规划方式，大幅缩减每次规划的计算时间；该模型对预测的要求高，航迹变化动态范围有限。美国 AFIT 的多位学者对动态即时航迹规划问题进行了研究，Matthew A.Russell 采用遗传算法解决了编队飞行无人机群的路径动态规划问题；Gary W.Kinney 给出了一种跳跃式启发式搜索和禁忌搜索技术相结合的超启发式方法；Robert W.Harder 针对美军第十一无人机侦察中队每天的侦察任务规划与重规划任务，采用一种综合了车辆路径模型和旅行商问题模型的体系结构；Kevin P.O Rourke 将无人机的动态路径规划问题视为动态车辆路径问题的一种特例，采用了一种超启发式方法解决了无人机的动态路径规划问题；Robert 针对具有徘徊待机能力的航迹规划问题，基于网络流方法构建含有徘徊待机任务的航迹规划模型。

国内在快速航迹规划方面的研究紧跟国际前沿领域，从 20 世纪 90 年代末期就已开展了研究，积累了大量的成果。如华中科技大学的丁明跃、周成平、李春华、郑昌文、严平、严江江、俞琪、刘新等人对动态环境中的快速航迹规划分别采用了路线图、A*、分层策略、可行优先策略和基于病毒遗传算法的多种快速航迹规划方法以及基于快速搜索树的快速高效鲁棒航迹规划算法；傅阳光和黄心汉提出了基于量子粒子群优化的快速航迹规划方法；刘月采用一种结合三角网格退化、变域动态规划方法来解决突发威胁下的航迹规划问题，随后还提出了一种改进变异粒子群算法及航迹节点拓展法来求解该问题；袁胜智、谢晓方等通过将巡逻侦察航路规划问题转化为哈密顿圈问题，采用基于 Floyd 算法和改良圈算法的航迹规划算法求取了初始航路，并采用三次 B 样条对航路进行优化；丁琳、高晓光采用 Voronoi 图方法对突发威胁进行规划空间表示，利用 Dijkstra 算法进行突发威胁下的实时路径规划；马向玲采用线性权值自适应方法改进了 A* 算法，实现了威胁回避及地形回避；丁晓东提出了一种基于 RCS 的无人机航迹实时规划方法；李士波提出了一种采用飞行器运动与航迹搜索相结合的基于 A* 搜索的实时航迹规划算法，并采用多步寻优搜索策略；田雪涛给出了基于混合整数线性规划技术在模型预测控制框架下进行无人机实时航迹规划的方法；肖秦琨、高晓光等人提出了基于动态贝叶斯网络的无人机路径规划方法；沈林成、龙涛等人采用距离变换方法对动态战场环境中无人机航迹规划问题进行了研究。

综合上述文献，在快速航迹规划方面，常用规划结构上有基于模型预测控制理论的在线滚动规划、飞行器自主规划与地面规划相结合等多种方式，在规划策略上采用区域有限规划和并行计算的策略，在规划空间构造上有基于单元分解的航迹规划方法、基于图论的航迹规划方法和基于人工势场的方法，在航迹搜索算法上有各类改进 A* 算法、禁忌搜索、动态规划、粒子群优化、遗传算法、动态贝叶斯网络等。

2. 协同航迹规划方面

国外军队十分强调多飞行器航迹协同问题，美军将多无人飞行器实时协同能力作为自主控制水平（Autonomous Control Level，ACL）等级 6 的重要特征。国外主要是美国从 2000 年开始出现大量关于协同任务/航迹规划方面的文章，主要研究机构包括美国国防部高级研究计划局（DARPA）、美国空军研究实验室（AFRL）、美国空军理工学院（AFIT）、麻省理工学院（MIT）、华盛顿大学、加州理工大学和 Honeywell 技术中心。美军针对多飞行器协同航迹规划问题，研究重点在于处理各个飞行器航迹之间的相互关系，主要包括空间协调关系、时间协调关系和任务协调关系，主要的航迹协同方式包括速度调整、机动动作调整和航线长度调整，如文献[115]提出通过调整各飞行器的速度，确保多飞行器同时到达目标执行任务；文献[116]通过引入飞行器盘旋等待飞行模式，从而确保多飞行器在时间上实现协同；文献[117]提出通过调整部分飞行器的航线长度，实现多飞行器同时到达任务区域；文献[118]以到达时间作为协同航迹规划的协调变量，首先对各飞行器进行自主航迹规划，然后从备选航迹集合中为每架飞行器选出既能满足时间协调要求，又使得系统整体代价最小的航迹。

国内在协同航迹规划方面的研究几乎与国际同步，从 2003 年开始出现部分文章。当前国内针对无人飞行器协同航迹规划问题，主要研究集中在以下几个方面。一是采用层次分解策略，如文献[43]采用层次分解策略法，将协同航迹优化问题化解为航线规划层、协同规划层和航线平滑层三个层次，并以各 UAV 的路径长度和协调时间作为指标，对多 UAV 的协同攻击航迹选择、攻击时机确定、协同攻击代价和性能进行协调；文献[123]采用 Voronoi 图方法，引入协同变量和协同函数，产生关于已知威胁的航段，使各架无人机能够同时到达目标；文献[45]采用分散规划、集中调整思想的层次分解策略来确定参考航迹，并采用粒子群优化算法确定无人机的协同任务初始航迹；文献[125]提出了基于战术数据链和 A* 算法的多飞行器飞行航路协同规划方法，该方法通过在飞行航路中插入蛇形机动方法，能够实现多飞行器多目标协同到达或多飞行器单目标协同到达的功能。二是采用分布式控制策略，如国防科技大学的沈林成、龙涛等人研究了基于扩展传统合同网的交换机制的多无人战斗机（Unmanned Combat Aerial Vehicle）分布式协同任务控制方法，实现了多 UAV 之间的动态任务协调。三是采用人工智能方法，华中科技大学的郑昌文提出了一种基于协同进化的多飞行器协同航迹规划算法；华中科技大学的严平在策论框架下，提出了一种基于 Nash 均衡和进化计算的多 UAV 航迹规划算法；国防科学技术大学的叶媛媛提出了基于 Voronoi 图多飞行器协同路径规划共同进化算法来求解多飞行器协同航迹规划问题；文献[130]通过对蚁群算法的深入研究，将信息素机制引入多 UAV 任务控制中，实现了多 UAV 协同任务自组织。

综合上述文献，在协同航迹规划方面，在协同航迹规划策略上主要有层次分解策略、分布式控制策略和人工智能方法中的协同进化策略，航迹协同方式包括速度调整、机动动作调整和航线长度调整。但是上述协同航迹规划方法在应用背景上都是针对多飞行器预先协同航迹规划，而并非在线航迹变更中的协同规划。

值得一提的是，作者所在的火箭军工程大学以某型 UAV 为对象，从 20 世纪 90 年代起，开始了航迹规划方面的研究，在航迹规划仿真验证系统、航迹规划模型及算法、航迹规划评价等多个方面取得了大量的成果。近年来，其研究重点由航迹规划基本问题（航迹规划的快速性、有效性）向低空飞行器人在回路中的在线航迹规划方向转变，重点研究了即时航迹规划、多航迹规划和航迹评估问题。

综上所述，航迹规划技术是多 UAV 集群的核心关键技术，在技术上有很大的挑战性，在军事和民用领域具有广阔的应用前景。在线协同航迹规划技术是新形势下当前航迹规划领域的研究热点。虽然国外已成功研制了多种类型的在线协同航迹规划系统，但是其核心技术并不公开。国内针对这类问题（即多 UAV 集群可控攻击协同航迹规划问题）的研究文献较少，该类问题的多个技术难点如在线规划中的协同策略等也未有完善的解决方法，因此当前亟待开展与之相关的关键性基础技术攻关。本著作开展的研究工作正是对上述问题的有益探索。

第 2 章　多 UAV 集群可控攻击协同任务规划问题描述与分析

　　多 UAV 集群可控攻击是信息化条件下的新型作战模式，也是任务规划领域的新问题，目前没有成熟的可控攻击控制结构，也没有成熟的任务规划系统。因此，对多 UAV 集群可控攻击协同任务规划问题的描述和分析是研究的首要问题。文中首先研究了多 UAV 集群可控攻击的作战体系结构，设计了多 UAV 集群可控攻击典型协同作战模式，然后基于典型协同作战模式对任务规划问题进行了描述和特性分析，设计了任务规划系统总体方案，建立了协同作战模式下的任务规划模型，具体包括协同任务规划的约束条件分析、技术指标分析，最后给出了多 UAV 集群可控攻击协同任务规划问题的层次关系和分层求解框架，为协同任务规划提供总体求解思路和设计指导。

2.1　多 UAV 集群可控攻击协同作战样式

2.1.1　多 UAV 集群可控攻击作战体系结构

　　多 UAV 集群可控攻击是利用卫星通信数据链构建 UAV—卫星—地面管控系统之间的信息闭环，将战场感知、指挥控制、武器装备融为一体，地面指挥控制人员可根据各类卫星、无人机、临近空间平台和侦察设备实时获取战场态势信息，实时调整攻击任务和攻击策略，在线更改打击目标、实时规避突现威胁、精确引导攻击点位、临机打击时敏目标。卫星通信数据链支持下的多 UAV 集群可控攻击过程如图 2-1 所示。

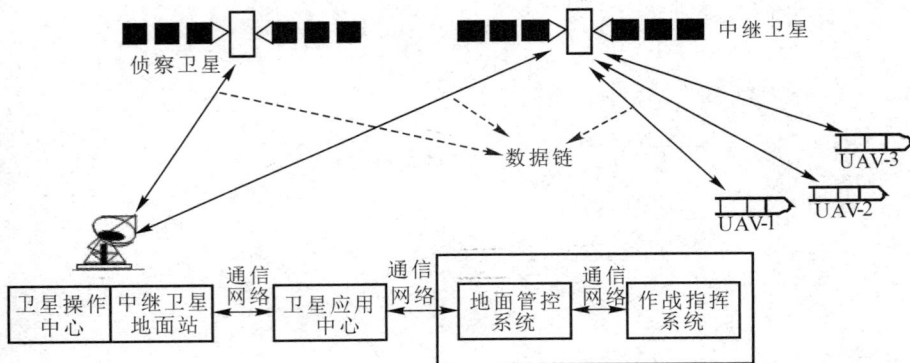

图 2-1　多 UAV 集群可控攻击过程示意图

　　基于卫星通信数据链的多 UAV 集群可控攻击作战体系主要由通信卫星资源及其地面系统、多 UAV 集群系统、卫星通信数据链路、多 UAV 集群地面管控系统、指挥控制系统等组成，其拓扑结构如图 2-2 所示。

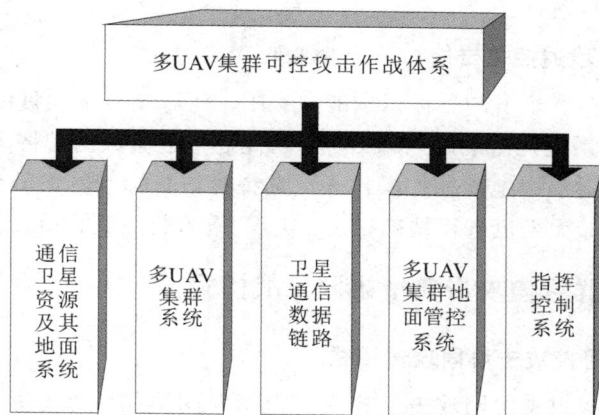

图 2-2　多 UAV 集群可控攻击作战体系

地面管控系统是发射、飞行和攻击过程的控制和协调系统，主要任务是在对指挥、情报和状态信息的综合运用下，开展即时任务/航迹规划，对多 UAV 集群的作战任务、航迹进行调整，以适应新的战场环境，其组成结构如图 2-3 所示。

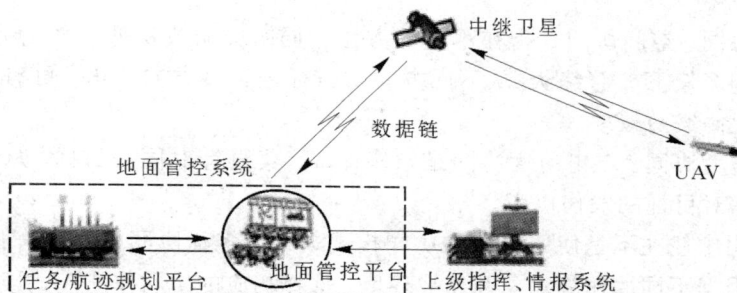

图 2-3　地面管控系统概念图

2.1.2　多 UAV 集群可控攻击协同作战分析

由于加装了卫星数据链，机—星—地之间可以进行信息的实时交互，因此，多 UAV 集群可控攻击协同作战与常规 UAV 作战方式相比有了巨大的进步，具体体现在以下三点。

1. 具备了在线侦察能力

多 UAV 集群可控攻击具备了在线侦察能力，能够执行打击前的侦察确认任务和打击后的效果评估任务。侦察确认任务主要是指无人机在飞行途中，经过某个预定侦察区域或某个需要侦察确认的目标时，机载侦察设备开始工作，将侦察结果通过卫星数据链回传到地面管控中心，地面管控系统完成目标的确认任务，决定是否需要打击目标。

2. 具备了飞行过程中的人在回路控制能力

多 UAV 集群飞行过程中，在卫星通信数据链的支持下，地面管控系统可实时监控飞行状态，地面指挥人员可根据战场实时态势，在线更改或取消多 UAV 集群的打击目标，在线调整 UAV 的飞行航迹。

3. 具备了飞行末段遥控攻击能

目前 UAV 在复杂背景下的目标识别能力有限，针对城市中大量结构和外形相似的目标机载自动目标识别系统无法准确判断目标。因此通过卫星数据链将无人机前下视红外图像回传到地面管控平台，由地面捕控操作人员选择打击目标和打击部位后，将目标相关信息回传给无人机，引导无人机进行精确打击，实现"看着打"和"指着目标打"。

2.1.3　多 UAV 集群可控攻击典型协同作战模式

1. 多 UAV 集群可控攻击协同攻击模式

多 UAV 集群可控攻击协同攻击模式主要包括时间协同、功能协同、空间协同、攻击角度协同等。

（1）时间协同。时间协同指协调多架 UAV 同时或以一定时间间隔攻击目标（同一个或多个目标），主要用于提高 UAV 的突防概率。

（2）功能协同。功能协同主要指具有不同功能的 UAV 协同作战，即同时向一个目标区发射多架具有不同制导类型、战斗部类型的 UAV，形成一个"编队"协同攻击群体，对目标实施协同打击。

（3）空间协同。空间协同是指在不同的方位上同时突防或从低、中、高空实施三位一体的突防，协调多架 UAV（编队）从不同方向对目标进行多方向攻击，可有效分散敌方防御能力，从而提高突防概率。

（4）攻击角度协同。攻击角度协同是指多 UAV 集群针对同一目标，从不同的角度攻击目标，以提高对目标的毁伤概率。

在实际运用中往往不是使用单一的协同模式，而是多种协同模式综合使用。多 UAV 集群作战系统根据不同的作战对象和作战环境，选择相应的协同作战模式或者组合使用上述协同模式，这样才能充分发挥其整体作战效果，以实现最佳作战效果。根据作战使用特点，可采用时间协同＋攻能协同＋攻击角度协同＋空间协同的混合协同作战模式。

在国内外实际作战过程中，有一些比较典型的多 UAV 协同作战战法，比如具有时间协同模式的多 UAV 齐射齐落战法，具有空间协同方式的编队突防战法和编队协同搜索战法、"静默"攻击战法、饱和攻击战法，具有武器功能协同的如领弹和攻击弹协同攻击战法、巡逻攻击导弹与精确打击导弹协同战法。下面简要介绍几种典型的多 UAV 协同作战战法。

（1）多 UAV 齐射齐落战法。

多 UAV 齐射齐落战法是指在一次进攻中，在不同方向上进行齐射，通过不同的航迹同时到达目标的战法。由于受到武器系统的作战反应时间、射击能力以及射击观察时间等因素的影响，敌方对多 UAV 同时攻击的反应能力下降，因此多 UAV 齐射齐落战法可以大大提高突防能力和电子对抗能力。

（2）"静默"攻击战法。

"静默"攻击战法，即多架 UAV 在协同攻击目标时，大部分 UAV 采用无线电静默，其中的一架 UAV 在接近目标时，开启主动雷达导引头，不断把获得的目标有关信息通过数据链传输给其他 UAV，让它们有机会从侧面悄然接近目标，同时吸引目标区敌方防御系统的注意力，实现"静默"攻击。

（3）领弹与攻击弹协同攻击战法。

领弹与攻击弹协同攻击时，由领弹探测目标群数据，然后通过数据链向攻击弹分配目标，并实时更新数据，还可以在领弹上携带电子干扰设备，干扰敌方的电子搜索和跟踪设备，以提高攻击弹的突防能力。

随着新技术的发展，多 UAV 集群作战系统性能的不断提高，新的协同方式也将不断出现。比如巡逻—攻击导弹，可以像侦察机一样在空中巡逻等待时机，配合其他导弹，共同完成作战任务。

2. 多 UAV 协同攻击分类

按照作战进程阶段可将多 UAV 协同攻击分为静态协同攻击和动态协同攻击两类。

（1）静态协同攻击是指多架 UAV 以集群（一个或多个）的形式对指定目标（单或多目标）进行攻击，其中每架 UAV 的攻击目标和采取的战术在发射前已确定并装订于机上。这类协同是在攻击前由作战人员在任务规划系统支持下对各架 UAV 进行战术和技术规划，发射后各架 UAV 按照预定的程序对指定目标进行攻击，不进行飞行中人在回路控制。

（2）动态协同攻击指由多架 UAV 以集群的形式对指定目标进行攻击，但是每架 UAV 的攻击目标和战术选择可以在攻击过程中通过集群与集群之间的协商与合作进行动态指定。动态协同攻击根据决策方式的不同可分为人在回路协同与自主协同两种类型。人在回路协同除了在发射前进行任务和航迹规划外，还可在飞行过程中将目标信息实时传回指控中心，然后进行动态目标分配和在线航迹调整。美国的战术战斧导弹（Tomhawk Block-Ⅳ）就采用了这种协同方式。自主协同除了在发射前进行任务和航迹规划外，在发射后 UAV 还可对战场进行在线侦察，在发现目标后，通过 UAV 间数据链进行信息共享，并对任务和航迹进行重新规划，最终对目标实施攻击。俄罗斯的花岗岩导弹就具备自主协同攻击的能力。

2.2　典型协同作战模式下的协同任务规划问题分析

任务规划系统是武器系统的大脑，是各种作战能力发挥的指挥者和协调者。多 UAV 集群可控攻击，作战样式灵活、作战任务类型多样，UAV 之间的协同性要求高。目前，针对多 UAV 集群可控攻击的协同任务规划技术研究还处于初期的探索阶段。本节针对典型协同作战模式下的协同任务规划问题进行分析，为后续的任务规划模型构建和任务规划求解方案提供基础。

2.2.1　协同任务规划问题描述

多 UAV 集群协同任务规划是指在协同攻击要求条件下，综合考虑各类约束条件。为 UAV 集群进行编队配置，分配作战任务序列，并为多个 UAV 设计完成任务的多条飞行航迹，满足多 UAV 在空间和时间上的协调一致关系。如图 2-4 所示，多 UAV 集群协同任务规划问题主要包括四个方面：任务规划约束条件、任务计划、协同任务规划支持数据和任务规划控制条件。

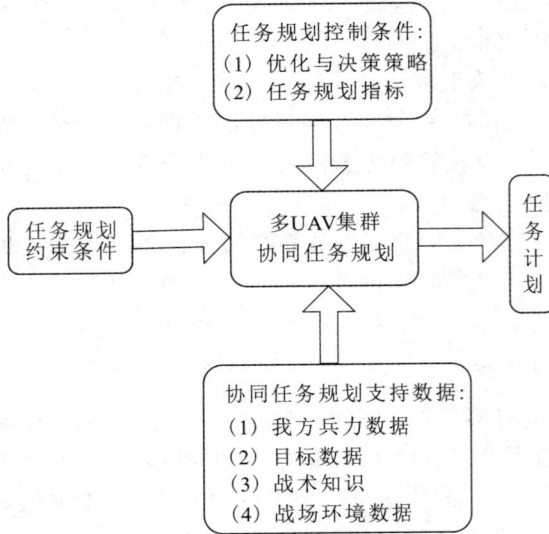

图 2-4　多 UAV 协同攻击任务规划问题

多 UAV 集群协同任务规划的输入为按照一定格式描述的多 UAV 集群任务信息，包括平台和武器资源、任务占用的时间资源和空间资源以及待执行的目标任务集合信息；多 UAV 集群任务规划输出为对各活动序列的描述信息，任务规划的输出通常按照各平台的任务计划和航线计划组织，其中包含了各 UAV 活动序列，以及相关的飞行参数；多 UAV 集群协同任务规划支持条件是任务规划的信息来源和进行任务规划的前提，它是按照一定形式组织的平台和武器数据、待攻击子目标数据、战术知识数据、威胁数据、禁/避飞区数据、地理环境数据、气象环境数据等，通常以数据库的形式为多 UAV 集群协同任务规划提供数据支撑，其中，战术知识是对以前作战经验的积累（如目标攻击时序知识、武器—目标匹配知识等），通常以约束条件的形式对任务规划进行引导和控制；协同任务规划控制条件包括任务规划指标、约束条件、所采用的优化与决策策略，它们是任务规划能否产生满意结果的关键，并决定了任务计划的产生效率，任务规划控制条件的选取可在一定程度上反映指挥人员的意图。

2.2.2　任务规划的特性分析

多 UAV 集群可控攻击任务规划系统呈现出许多新的特性。

1. 任务规划过程的不确定性和动态性

多 UAV 集群可控攻击执行作战任务的过程是一个连续动态过程，不仅前期任务的完成情况会影响后期任务的执行，而且在完成单次任务的过程中，将面临战场态势的不确定性变化，比如突然出现的威胁（敌方机动雷达站、机动防空导弹部队）、突然出现的高价值敏感目标等。针对这些动态的战场情况，任务规划系统必须作出相应的反应，才能不贻误战机和有效提高武器系统的综合作战效能。

2. 任务间的协作性

多 UAV 之间可以通过地面管控系统进行信息的共享，因此，当多 UAV 协同打击多个地面目标时，各 UAV 并不是独立的完成对分配给各自目标的打击和毁伤评估任务，而是通过灵活调度不同 UAV 来完成这些任务，并综合应用各 UAV 作战能力，发挥各自优势，提高完成任务的质量和效能。但这些任务间的协作性，增加了任务规划的复杂性。

综上所述，在建立多 UAV 集群协同任务规划模型时，应重点考虑其任务过程的动态特性、任务间的协作关系以及战场环境的不确定性。

2.2.3　任务规划系统控制体系结构

在复杂多变的战场环境中，任务规划系统的控制体系结构很大程度上决定着系统作战的效率和灵活性，体系结构的选择应能使系统满足以下要求：良好的伸缩性、高鲁棒性、高可靠性、快速反应能力、动态重构能力以及容错能力。参考目前侦察型 UAV 的协同控制框架，未来的多 UAV 集群协同任务规划系统的体系结构主要分为集中式控制、分布式控制和分布/集中混合式控制三类系统。

如图 2-5 所示，图 2-5(a) 是集中式控制系统。该系统由唯一的地面管控平台对整个系统进行控制。在集中式控制系统中，任务控制功能集中在地面管控平台，仅具有底层控制功能。集中式控制系统具有通信延迟、计算量大、消耗时间长等特点。图 2-5(b) 是分布式控制系统。该系统具有充分的自治权，能够独立完成任务控制与底层控制，在必要时，可以通过各 UAV 之间的消息传递来实现系统协同规划。但在现有的技术水平上，平台在态势评估和决策能力上还远远不能发挥人的主观能动性，人依然是整个系统中的关键决策因素。因此，分布式控制系统很难实现系统真正的协同和获得最大整体效能。图 2-5(c) 是分布/集中混合式控制系统，该系统综合采用分布式控制系统和集中式控制系统的优点，执行任务之前，先由地面管控平台通过预先规划为每架 UAV 提供一个初始任务计划，执

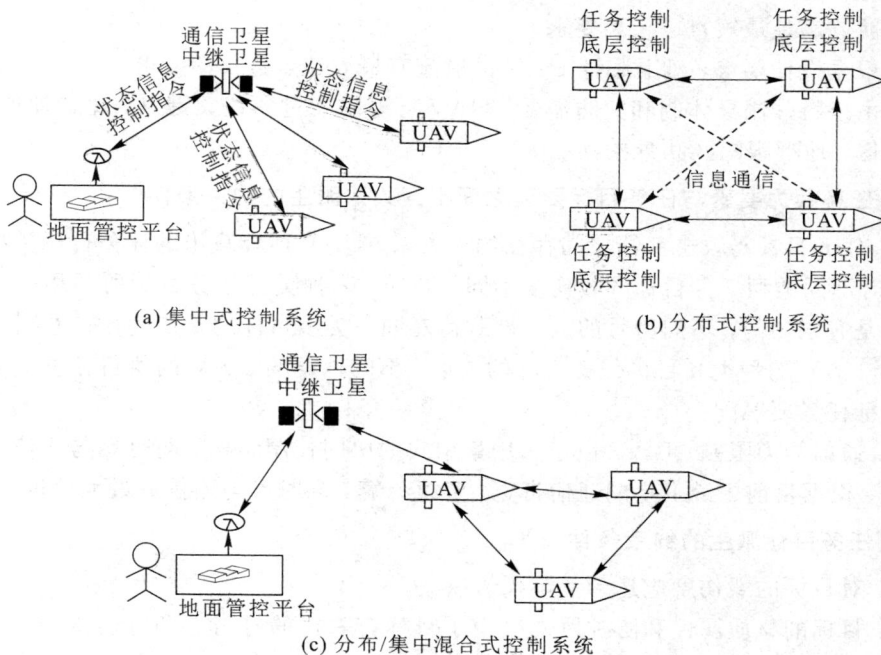

(a) 集中式控制系统　　　　　　　(b) 分布式控制系统

(c) 分布/集中混合式控制系统

图 2-5　任务规划系统的控制体系结构

行任务时，在机载控制系统的控制下按计划执行，当战场态势发生变化时，通过机载传感器信息进行自主决策，各 UAV 之间通过相互信息传递来进行任务的协同，并将协同的结果传送给地面管控平台，地面管控平台将对自主决策的结果进行评估，决定是否对其执行干预。结合当前装备实际，本书选用集中式控制结构作为多协同任务规划的体系结构。

2.3　典型协同模式下的任务规划模型

下面从总体上对多 UAV 集群可控攻击协同任务规划的约束条件和技术指标进行归纳总结。

2.3.1　协同任务规划约束条件

多 UAV 集群可控攻击协同任务主要由任务兵力、任务目标、任务空域以及任务时域四个要素构成，多 UAV 集群可控攻击协同任务规划的约束条件本质上可以归结为任务要素本身以及任务要素之间的相互关系所派生，具体如下。

1. 由执行任务的兵力要素派生的约束条件

C1：各种类型的 UAV 使用数量不能超过任务兵力中指定的数量。

C2：由于最大航程限制，任务目标必须在 UAV 的作战半径以内。

C3：UAV 飞行路径的转弯半径必须大于 UAV 的最小转弯半径。

C4：各 UAV 的飞行速度必须介于最大与最小飞行速度之间。

C5：各 UAV 的飞行高度必须满足安全飞行规则。

C6：为了保证飞行器安全飞行，UAV 航迹之间必须保证规定的物理间隔。

C7：航迹满足最短直飞距离要求。

C8：根据设计要求，机上装订 UAV 的航迹有最大节点数目的要求。

C9：由于特殊制导体制和突防需要，UAV 还要求飞过一些关键点，比如地形匹配区、气压修正区、地形跟踪区和景象匹配区。

2. 由任务兵力要素与任务目标要素之间相互关系派生的约束条件

C10：任务目标与攻击武器之间存在约束关系。UAV 所能攻击的任务目标类型是有限制的，且对不同类型任务目标的毁伤度不同。同样，一种类型任务目标所适用的战斗部载荷类型也是有限制的，不同型号的战斗部载荷对同一类型目标的毁伤度存在差别。

C11：UAV 的种类和目标任务之间的约束。不同种类的 UAV 的执行任务能力和所要完成的目标任务要匹配。

C12：通信能力限制。UAV 由于采用集中式的协同控制结构，同时参与通信的最大数量有限制。根据目前中继卫星的通信带宽，经过计算，同时参与通信的最大数量为 12 架。

3. 由任务目标派生的约束条件

C13：对目标的毁伤度应达到一定阈值以上。

C14：目标的材质属性和防护属性决定了目标有一定的打击点和打击方向。在对任务目标打击时，应该针对特定的打击点/方向实施打击。

C15：由于目标之间的相互支援关系或战术部署，所以决定了对任务目标的打击具有一定的时序约束，该约束关系实际上也属于时域上的约束关系，即时间协同要求。

C16：为了避免 UAV 过度集中于攻击同一任务目标，通常对攻击同一任务目标的 UAV 数目进行限制。

C17：打击其他目标协同作战任务要求。

4. 由任务空域派生的约束条件

C18：由于政治人文因素，存在一些政治人文禁/避飞区，执行任务时必须规避此类区域。

C19：由于天气等自然条件的影响使得 UAV 必须避开极度恶劣的天气区域，这类区域称之为气象避飞区。

C20：如果要低空突防，必须考虑地形起伏和走势对飞行的约束。

C21：航迹空间协同约束，主要是指协同攻击某目标的多架 UAV 的多条航迹之间的航迹空间差异性要求。该差异性不仅仅要满足航迹最小间隔要求，而且在综合代价小的情况下航迹空间差异性越大越好，这样有利于 UAV 编队协同突防。

2.3.2　协同任务规划技术指标

协同任务规划技术指标是任务规划的关键要素，目的是引导任务规划系统产生整体作战效能最优、代价最小以及生存概率最大的任务计划。多 UAV 集群协同任务规划主要考虑的技术指标如下。

1. 目标价值收益最大指标 f_1

目标价值收益最大指标是对 UAV 执行任务时所获取的目标价值的评估，来引导任务规划和决策向着使作战效能最大化的方向进行。

2. 飞行距离最短指标 f_2

飞行距离最短指标引导任务规划首先为各个 UAV 分配近距离的任务目标，其次一旦任务确定，则为 UAV 设计距离尽量短的飞行航迹。

3. 耗弹量成本最小指标 f_3

耗弹量成本最小指标引导任务规划的优化和决策向着节省武器成本的方向进行。该指标使得 UAV 优先选择低造价高毁伤的武器执行任务。

4. 威胁度最小指标 f_4

威胁度最小指标通过最小化威胁度来引导任务规划向着减小威胁代价的方向进行。该指标使 UAV 趋向于在安全航路中飞行。

2.4　任务规划问题分层求解方法

2.4.1　任务规划层次分析

多 UAV 集群可控攻击的协同任务规划问题是一个复杂问题，不仅需要找到一个可行方案，还需要通过优化的手段实现以较小的代价达成作战意图的目的。从对协同任务规划约束条件和协同任务规划技术指标的描述可以看出，多 UAV 集群可控攻击协同任务规划是一个多约束、大规模、强耦合、高动态的复杂多目标优化和决策问题，直接对问题求解几乎是不可能的。通过以下对协同任务规划系统的过程进行分析，可以发现多 UAV 集群协同作战任务具有显著的层次性特点。采用分层递阶的思想，将整个规划问题划分为多个子问题，分别进行建模并加以求解，从而降低复杂性。

根据分层递阶控制思想以及文献[47][51][122]中针对无人机的任务规划层次的划分方法，本书将多 UAV 集群可控攻击协同任务规划问题划分为四个步骤，分别为资源分配、任务分配与调度、航迹规划和航迹评估。如图 2-6 所示，资源分配解决"做什么"的问题，任务分配与调度解决"谁来做"的问题，航迹规划解决"怎么做"的问题，航迹评估解决"做得怎么样"的问题。每个步骤的具体内容如下。

（1）资源分配。确定每一个波次内要对各个目标执行的任务，结合作战方总兵力，确定每次任务需要提供和能够提供的兵力之间的一个平衡值，这一过程实际上是为每个目标分配资源的过程，故称之为资源分配。资源分配是任务规划的第一个环节。

（2）任务分配与调度。确定每一个波次内，每个要参与执行的任务，以及任务的具体执行时间。这一问题又可划分为分配与调度两个子问题。任务分配问题是指确定每架 UAV 要执行的任务，调度问题是指每个任务具体执行时间的管理。根据作战时段的不同，任务分配与调度也分为预先任务分配和在线任务重分配与调度。

（3）航迹规划。航迹规划以任务分配的结果为输入，对 UAV 完成任务所需的飞行航迹进行规划，得到连接各个任务点的航迹计划。

（4）航迹评估。结合航迹评估模型，对规划的航迹进行评估，判断航迹优劣。

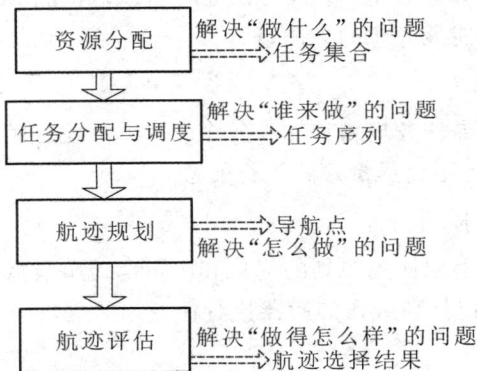

图 2-6　多 UAV 集群可控攻击协同任务规划步骤

2.4.2　任务规划层次分解框架

1. 多 UAV 集群协同任务规划流程

多 UAV 集群协同任务规划流程如图 2-7 所示，结合多 UAV 集群可控攻击的作战过程，在作战单元任务规划过程中，可分为预先任务规划阶段和在线任务重规划阶段。预先任务规划包括资源分配、任务分配与协调、航迹规划（航迹快速预估、协同航迹规划）、航迹优化四个阶段。在线任务重规划包括协同任务在线重分配、航迹重规划与协调和在线即时航迹评估三个阶段。由于资源分配通常由上级指挥机关制定，航迹评估也由相对成熟的方法来实现,因此,本书重点针对任务分配和航迹规划两个关键性问题进行研究,具体指多 UAV 集群协同任务分配问题和多 UAV 集群协同航迹规划问题,协同任务分配包括离线和在线两种模式,协同航迹规划也包括离线和在线两种模式。

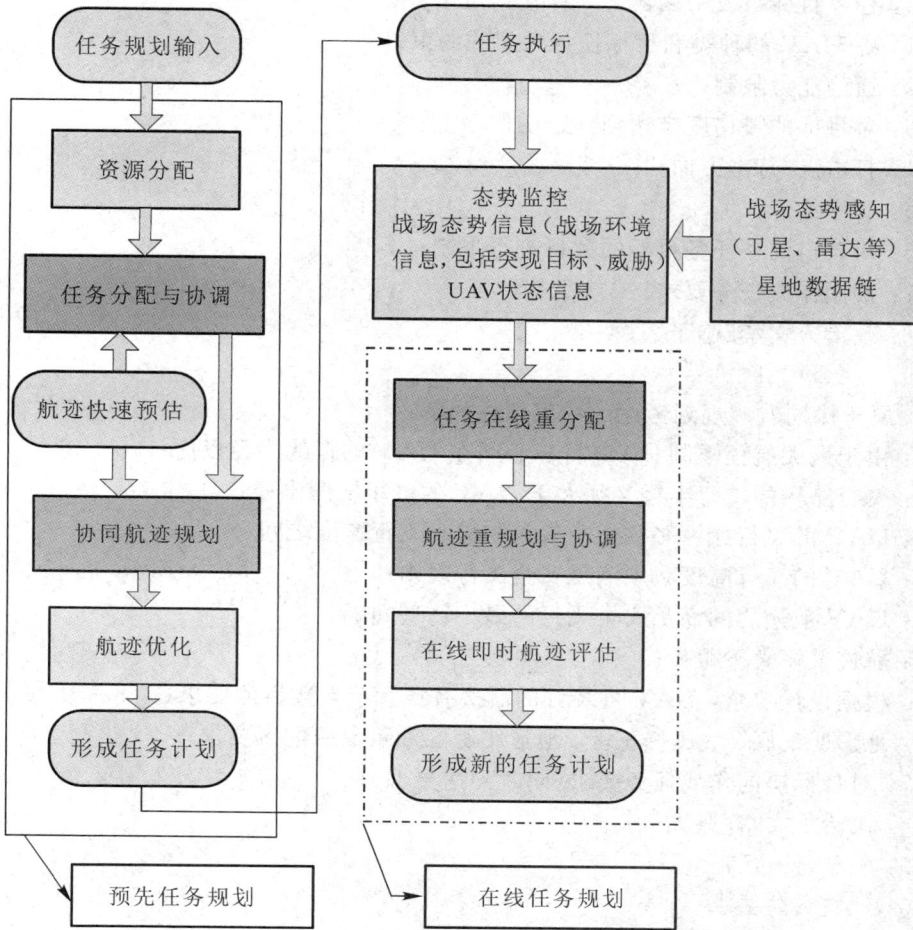

图 2-7 多 UAV 集群协同任务规划流程

2. 任务规划指标分层

在多 UAV 集群协同任务规划分层求解框架中,不同的规划层次关注不同的任务细节信息,优化重点不同,导致规划指标存在差别。任务分配与调度层关注目标价值收益最大指标 f_1、飞行距离最短指标 f_2、耗弹量成本最小指标 f_3、威胁度最小指标 f_4,协同航迹规划则重点关注通过何种航迹能够以较大的生存概率飞抵目标任务区,重点关注飞行距离最短指标 f_2 和威胁度最小指标 f_4。

3. 任务规划约束条件分层

约束条件从本质上由任务的构成要素及其相互关系所派生。根据协同任务规划各个不同层次关注的任务目标、任务兵力、任务空域和任务时域不同,相应地将约束条件分解到不同层次的子问题中,以降低多 UAV 集群协同任务规划问题的求解难度。

（1）属于协同任务分配处理的约束条件如下：

C1：各种类型武器的使用数量不能超过任务兵力中指定的数量；

C2：任务目标必须在 UAV 的作战半径以内；

C10：任务目标与攻击武器之间存在约束条件；

C11：各 UAV 的种类和目标任务之间的约束；

C12：通信能力限制；

C13：对目标的毁伤度应达到一定阈值以上；

C14：打击点/打击方向；

C15：时序约束；

C16：对攻击同一任务目标的数目进行限制；

C17：协同作战任务要求；

C18：政治人文禁/避飞区；

C19：气象避飞区。

（2）属于协同航迹规划考虑的约束条件如下：

C2：由于最大航程限制，任务目标必须在 UAV 的作战半径以内；

C3：飞行路径的转弯半径必须大于 UAV 的最小转弯半径；

C4：UAV 的飞行速度必须介于最大与最小飞行速度之间；

C5：UAV 的飞行高度必须满足安全飞行规则；

C6：UAV 航迹之间满足安全飞行的最小物理间隔；

C7：航迹最短直飞距离；

C8：根据设计要求，UAV 可装订的航迹有最大节点数目的要求；

C9：地形匹配区、气压修正区、地形跟踪区和景象匹配区要求；

C17：对目标协同作战任务要求（同时到达要求）；

C18：政治人文禁/避飞区；

C19：气象避飞区；

C20：低空突防要求；

C21：航迹空间协同要求。

4. 多 UAV 集群协同任务分配

多 UAV 集群协同任务分配问题是多 UAV 集群协同任务规划问题的一个关键的子问题。从前述分析可以看出，任务分配的目标就是为各 UAV 分配任务序列，使得多 UAV 集群协同任务具有目标价值收益最大、飞行距离最小、耗弹量成本最小，并满足多 UAV 集群协同任务相关约束条件，它是一个具有多约束的复杂多目标优化问题。它具有如下形式：

$$\max(f_1) \wedge \min(f_2, f_3)$$
$$\text{s.t. } c_1, c_2, c_{10}, c_{11}, c_{12}, c_{13}, c_{14}, c_{15}, c_{16}, c_{17}, c_{18}, c_{19}$$

$$(2-1)$$

对任务规划指标经过适当变换后，可以将多 UAV 集群协同任务分配问题转换为取大或取小型多目标优化问题。

5. 多 UAV 集群协同航迹规划

多 UAV 集群协同航迹规划是在完成任务分配基础上，规划每架 UAV 从出发点到目标点之间的航迹，主要考虑飞行距离最短指标 f_2 和威胁度最小指标 f_4 两个指标。同时要考虑 C2（任务目标必须在 UAV 的作战半径以内）、C9（地形匹配区、气压修正区、地形跟踪区和景象匹配区要求）、C17（对打击其他目标协同作战任务要求（同时到达要求））、C18（政治人文禁/避飞区）、C19、C20（低空突防要求）、C21（航迹空间协同要求）等七个指标。因此多 UAV 集群协同航迹规划问题可描述为

$$\min(f_2, f_4)$$
$$\text{s.t. } c_2 \sim c_9, c_{17}, c_{18}, c_{19}, c_{20}, c_{21}$$

$$(2-2)$$

航迹规划包含三个方面的内容：一是面向任务分配的航迹快速预估，二是面向作战使用的预先协同航迹规划，三是面向在线控制的即时航迹规划。各个不同的阶段，采用的模型在 2-2 的基础上有细微的变化。模型 2-2 的具体应用见后面章节。

本 章 小 结

本章以多 UAV 集群可控攻击作战应用为背景，研究了卫星数据链支持下的多 UAV 集群可控攻击的作战体系结构，设计了多 UAV 集群可控攻击协同作战主要作战流程和几种典型作战模式；然后基于典型作战模式对任务规划问题进行了描述和特性分析，设计了任务规划系统总体方案，建立了协同作战模式下的任务规划模型；最后给出了多 UAV 集群可控攻击协同任务规划问题的层次关系和分层求解框架，建立了协同任务分配和协同航迹规划的初步模型，为协同任务规划提供总体求解思路和设计指导，为后续章节的研究打下了基础。

第 3 章　多 UAV 集群可控攻击任务分配
问题分析及建模

本章以两型飞行器协同作战为背景,详细归纳了多 UAV 集群协同任务分配方法的研究现状,然后对协同任务分配问题进行了详细分析并进行了形式化描述,进一步构建了多 UAV 集群可控攻击协同任务分配模型,为后续章节进行协同任务分配问题求解提供模型基础。

3.1　多 UAV 集群协同任务分配概述

多 UAV 集群协同任务分配是运筹学中的一个基本问题,即基于一定的环境知识为每架 UAV 分配一个或一组有序任务,使得多 UAV 集群协同任务分配具有目标价值收益最大、消耗成本最小以及飞行距离最小,并满足多 UAV 集群协同任务相关的约束条件,以便在完成最大可能数量任务的同时飞行器整体的代价函数达到最优,并且在作战过程中出现新任务时,对编队中的多 UAV 进行动态协调,保证 UAV 编队综合效能最大。根据当前装备发展情况,多 UAV 集群涉及两类飞行器,一类是只具有打击能力的称之为基本型 UAV,另外一类具备卫星通信能力和在线侦察能力且能够在飞行途中进行目标变更和航迹调整能力的称之为改进型 UAV。在多 UAV 集群可控攻击作战中,两种 UAV 编队集群使用。

3.1.1　一个简单实例

为了直观说明协同任务分配问题,这里以图 3-1 为例进行简单介绍。假设我方有 5 个 UAV 发射阵地分别为 S_1、S_2、S_3、S_4、S_5,攻击目标为 T_1、T_2、T_3、T_4、T_5、T_6,各个发射基地配备数量不等的基本型 UAV 和改进型 UAV 共 11 架。发射阵地 S_1 的一架 UAV M_1 对目标 T_1 进行攻击,发射阵地 S_1 的 UAV M_2 和发射阵地 S_3 的 UAV M_5 对目标 T_2 进行协同攻击,在上述两个任务执行之后,发射阵地 S_1 的两架 UAV M_3 和 UAV M_4 对目标 T_4 进行协同攻击,在飞行途中,UAV M_3 的飞行航迹经过目标 T_1,M_3 在经过目标 T_1 时,对目标 T_1 进行打击后的毁伤效果评估,UAV M_4 的飞行航迹经过目标 T_2,UAV M_4 在经过目标 T_2 时对目标 T_2 进行打击后的毁伤效果评估,并且 UAV M_3 和 UAV M_4 同时对目标 T_4 进行协同攻击,发射阵地 S_3 的 UAV M_6 对目标 T_5 进行攻击,发射阵地 S_4 的三架 UAV M_7、M_8、M_9 同时对目标 T_6 进行协同攻击,发射阵地 S_5 的 UAV M_{10} 和 UAV M_{11} 同时对目标 T_3 进行协同攻击,UAV M_{10} 在对目标 T_3 攻击之前,对目标 T_5 执行打击后的效果侦察任务,UAV M_{11} 在对目标 T_3 进行攻击之前,对目标 T_6 执行打击效果侦察任务。

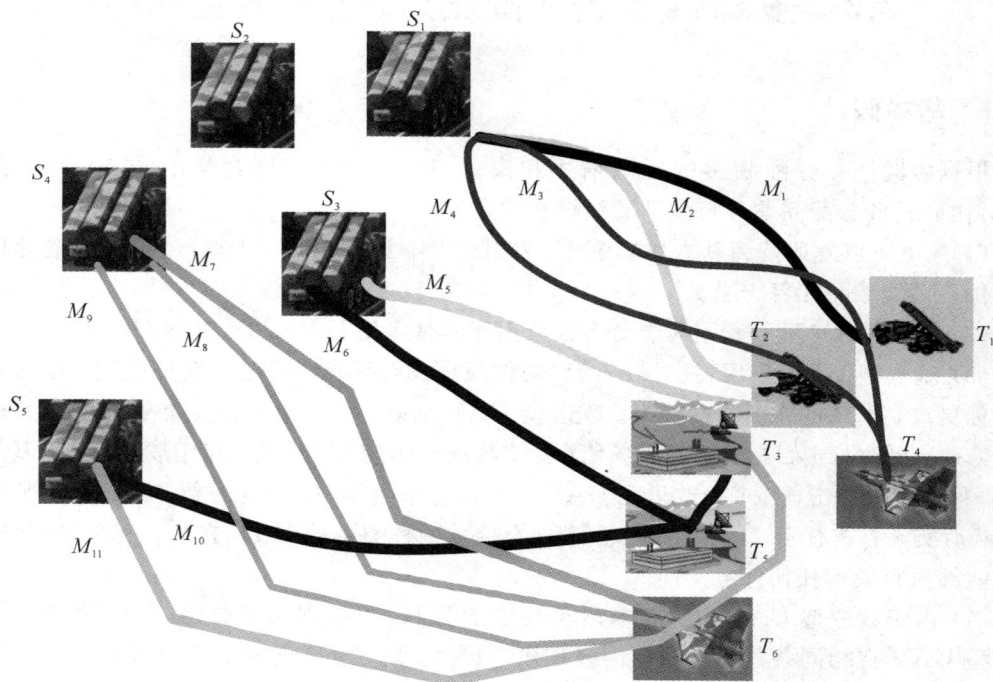

图 3-1　多 UAV 集群协同任务分配示意图

以上是多 UAV 集群对多目标进行任务分配的结果，从上述分配结果可看出，各 UAV 之间通过功能协同、方向协同和时间协同可以获得更大的综合作战效能。

3.1.2　多 UAV 集群协同任务分配模型概述

针对基本型 UAV 作战任务分配问题已经建立了比较多的模型，主要是基于经典问题建立的模型，如车辆路径问题模型、多旅行商问题模型、网络流优化模型、混合整数线性规划模型、基于合同网的优化模型和基于 MAS 满意决策机制的优化模型等。但是随着作战能力和机载侦察能力的增强，执行未来"侦察—打击—评估"一体化任务将成为未来战术使用的重要形式，与单一打击任务相比较，"侦察—打击—评估"一体化任务具有更高的复杂性。在"侦察—打击—评估"一体化任务过程中，根据侦察结果以及不同目标的特征和重要程度，有些目标可以直接进行攻击，有些需要先进行确认后再攻击，而某些重要目标还需要在攻击后进行评估，对于上述问题其约束条件不仅包括不同类型任务之间的时序约束（即对目标的攻击任务必须在侦察确认任务之后执行，而毁伤评估任务必须在攻击任务之后执行）而且包括任务之间的协调（即对每个目标不同种类任务执行次数限制）和调度约束（即某些任务必须在一定的时间段内完成）。随着多 UAV 集群可控攻击能力的作战能力不断增强，作战任务之间存在着复杂的约束或促进关系，对于这一类复杂的任务集合，目前大多数任务分配模型还无法对其进行有效的描述。

3.2　多 UAV 集群协同任务分配形式化描述

3.2.1　基本假设

根据协同任务分配相关的概念描述和模型描述，结合应用背景，对本书研究的多 UAV 协同任务分配问题进行如下的假设和约定。

（1）UAV 以发射营为基本作战单元。发射营并非聚集在同一个地区，各发射营之间的地理位置可能相差几百千米。

（2）每架 UAV 发射营同时装备有数量不等的基本型 UAV 和改进型 UAV。

（3）基本型 UAV 采用"发射后不管"的作战模式，不能在线进行航迹变更、威胁规避和目标更改，不具备战场侦察能力。改进型 UAV 加装了卫星数据链，能够在线对其航线进行修改，更改打击目标，具备战场侦察、威胁规避等能力。因此，在作战能力上，基本型 UAV 只能完成打击任务；而改进型 UAV 在一次作战过程中，可先进行一次或多次侦察任务，然后实施打击任务，或者直接执行打击任务。两种类型的 UAV 在执行完打击任务后，都不能够执行其他任何任务。

（4）由于改进型 UAV 也具备末段遥控攻击能力，可实现指挥员"看着打"的能力，因此该型 UAV 在相同条件下对目标的毁伤概率更大。同时由于该型具备威胁规避和飞行状态监控能力，其战场生存概率高于基本型 UAV。

（5）当有多 UAV 攻击同一目标时，可采用协同战术，比如多 UAV 同时到达的时间协同战术。

（6）在一个波次的攻击中，允许一个目标被多架 UAV 打击，但对一个目标的侦察确认任务和打击效果评估任务只需要一次。

（7）目标打击优先程度由侦察系统在目标分配前获得，在模型中直接给出。

（8）对时敏目标设立打击时间窗口，只有当 UAV 到达时间处于该目标打击时间窗口内时才能有效杀伤目标。

（9）在任务分配阶段不考虑多 UAV 之间避撞和航迹之间的协调，航迹协调在航迹规划模块中进行考虑。

（10）为了安全考虑，改进型 UAV 在作战中最多只能进行两次侦察任务（包括目标的侦察确认任务和毁伤评估任务）。

（11）在 UAV 发射前的预先任务分配时，假设在发射基地配备有攻击目标所需要的载荷类型，不考虑载荷类型与攻击目标之间的匹配约束（即预先任务分配中载荷类型与目标类型之间的约束可忽略）。

（12）由于在线协同规划问题需要考虑时空的一致性，假设飞行中多无人机系统与地面指控中心在卫星通信链路的支持下在线进行飞行状态报告，飞行中的时间基准与地面指控中心的时间基准一致。

3.2.2　协同任务分配形式化描述

对协同作战任务分配问题要素的符号说明如下。

1. 任务兵力集合

设参加本次任务的作战兵力共有 N_B 个发射营,发射营的集合表示为 $B=\{b_1, b_2, \cdots,$ $b_{N_B}\}$,发射营的地理坐标为 $\{x_{b_i}, y_{b_i}, h_{b_i}\}$, $i=1, 2, \cdots, N_B$。各发射营装备有 N_K 种类型的 UAV。$V^{bK}=\{v_1^{bK}, \cdots, v_{N_b^K}^{bK}\}$ 表示发射营 b 装备的第 k 种类型的 UAV 集合,N_b^K 为发射营 b 中第 k 种类型的最大数目,V^{bK} 可以为空集合,表示该发射营未装备第 K 种类型的 UAV。

总的可用数量为:

$$N_V = \sum_{b=1}^{N_B} \sum_{K=1}^{N_K} N_b^K \qquad (3-1)$$

每种类型的成本为:

$$Cost = \{cost_1, cost_2, \cdots, cost_{N_K}\} \qquad (3-2)$$

2. 打击目标

设有 N_T 个打击目标,目标集合为 $Target=\{Target_1, Target_2, \cdots, Target_{N_T}\}$,目标价值为 Va_i, $\sum_{i=1}^{N_T} Va_i = 1$,目标的价值高低决定了目标的重要程度。

3. 节点集合

用集合 $T_0=\{T_1, T_2, \cdots, T_{N_T}\}$ 表示目标节点,$B=\{b_1, b_2, \cdots, b_{N_B}\}$ 表示发射营的集合节点,$T=T_0 \cup B$,T 中的元素称为节点。

4. 航迹集合

集合 $R=\{R(i, j) | (i, j) \in T\}$ 表示在综合考虑战场地形条件和威胁分布基础上,以 UAV 安全飞行为基本原则,根据航迹规划算法得到的 UAV 航迹集合,每个航迹 $R(i, j) \in \mathbf{R}$ 的长度为 d_{ij},第 K 种 UAV 沿航迹 $R(i, j)$ 飞行的时间为 t_{ij}^K。

5. 目标任务集合描述

多 UAV 集群协同任务分配问题中,任务包括两方面的属性,即任务目标和目标上的任务类型。目标集合为 $Target=\{Target_1, Target_2, \cdots, Target_{N_T}\}$,对应于每个目标 $Target_i (i=1, 2, \cdots, N_T)$ 上需要完成的任务类型集合为 $Mission\_Type(MT_1, MT_2, \cdots, MT_{N_M})$,$N_M$ 为任务类型的数量。在本书的使用环境中,目标的任务类型有三种,即 $N_M=3$。任务类型的集合为 $Mission\_Type(Confirmation, Attack, Evaluation)$,$Confirmation$ 代表对目标侦察确认任务(定义 3.1)、$Attack$ 代表对目标实施攻击任务(定义 3.2)、$Evaluation$ 代表对目标实施毁伤评估任务(定义 3.3)。由于 UAV 武器使用的特殊性,对一架 UAV 来说,针对一个目标一次只能完成一项任务,或者攻击,或者侦察确认,或者效果评估,对同一个目标来说,完成不同类型的任务需要不同的 UAV 武器配合使用。

定义 3.1　侦察确认任务(Confirmation)。

侦察确认任务只有改进型 UAV 才具备,它是指改进型 UAV 在对某目标 $Target_i$ 打击的过程中,其飞行航迹经过其他某目标 $Target_j (i \neq j)$,在飞行途中对该目标 $Target_j (i \neq j)$ 进行机载侦察,确认目标类型及状态。

定义 3.2　攻击任务(Attack)。

攻击任务是基本型 UAV 和改进型 UAV 都具备的基本功能,是指通过预先装订好的

航迹对指定的目标 $Target_i$ 进行打击。

定义 3.3 毁伤评估任务(Evaluation)。

毁伤评估任务只有改进型 UAV 才具备,它是指改进型 UAV 在对某目标 $Target_i$ 打击的过程中,飞行航迹经过其他某目标 $Target_j(i \neq j)$,对其进行观测以确认目标被攻击之后的状态,包括目标是否被摧毁或者受损的程度等。

因此,当前的任务集合可以表达为:

$$\begin{cases} Mission = \{Mission_1, Mission_2, \cdots, Mission_{N_M}\} \\ Mission_j = \{Target_i, MT_j\}, Target_i \in Target, MT_j \in Mission\_Type \end{cases} \quad (3-3)$$

其中,NM 为任务集合中任务的总数量,满足 $NM \leqslant N_T \times N_M$。

通过对约束条件的分析,任务集合可以扩展为如下带时间窗的形式:

$$\begin{cases} Mission = \{Mission_1, Mission_2, \cdots, Mission_{NM}\} \\ Mission_j = \{Target_i, MT_j, [STime_j, ETime_j]\}, Target_i \in Target, MT_j \in Mission\_Type \\ STime_j = T(Prev(Mission_j) + \Delta t_{min}^j) \\ ETime_j = T(Prev(Mission_j) + \Delta t_{max}^j) \end{cases}$$

$$(3-4)$$

其中 $[STime_j, ETime_j]$ 为任务 $Mission_j$ 的时间约束,$T(Prev(Mission_j))$ 为 $Mission_j$ 的前续任务的执行时间,Δt_{min}^j 为 $Mission_j$ 与前续任务的最小时间间隔,Δt_{max}^j 为 $Mission_j$ 与前续任务的最大时间间隔;当任务不存在时间约束时,$\Delta t_{min}^j \to 0$,$\Delta t_{max}^j \to \infty$。

目标的任务执行顺序可用矩阵 **PR** 描述。

$$\boldsymbol{PR} = \{pr_{ij}\}_{NM \times NM} (i = 1, \cdots, NM, j = 1, \cdots, NM) \quad (3-5)$$

$pr_{ij} = 1$ 表示任务 $Mission_i$ 比任务 $Mission_j$ 先执行;$pr_{ij} = 0$ 表示任务 $Mission_i$ 比任务 $Mission_j$ 后执行;$pr_{ij} = pr_{ji} = \infty$ 表示任务 $Mission_i$ 和任务 $Mission_j$ 之间不存在约束关系,在实现中用一个数值比较大的正整数代表无穷大。

6. 卫星通信能力描述

N_C 表示当前与地面管正在进行通信的 UAV 数量,$MaxNum\_N_C$ 表示能够同时与地面指控中心进行通信的最大 UAV 数量,该数量与中继卫星的通信能力有关。根据该卫星的链路带宽和容量,经计算目前能够与指挥控制中心同时进行通信的 UAV 最大数量为12 架。

7. 任务分配表示

任务分配的表示如下。

$$V_p^{bk}((Mission\_T_1, Mission\_Type\_T_1, Time_{min}\_T_1, Time_{max}\_T_1),$$
$$(Mission\_T_2, Mission\_Type\_T_2, Time_{min}\_T_2, Time_{max}\_T_2), \cdots,$$
$$(Mission\_T_N, Mission\_Type\_T_N, Time_{min}\_T_N, Time_{max}\_T_N)) \quad (3-6)$$

其中 V_p^{bK} 表示第 b 发射营 K 类型第 p 架 UAV 的任务序列。该任务序列为:UAV 首先到达目标 $Mission\_T_1$,执行任务类型为 $Mission\_Type\_T_1$ 的任务,要求到达的最早时间为 $Time_{min}\_T_1$,最晚时间为 $Time_{max}\_T_1$;然后该架 UAV 到达目标 $Mission\_T_2$,执行任务类型为 $Mission\_Type\_T$ 的任务,要求到达的最早时间为 $Time_{min}\_T_2$,最晚时间为 $Time_{max}\_T$,

依此类推，直到执行完任务 $Mission\_T_N$。如果对该任务只有执行顺序约束，而没有到达时间约束，则 $Time_{min}\_T_i = 0$，$Time_{max}\_T_i = \infty$。

3.3　多 UAV 集群可控攻击多目标协同任务分配模型

3.3.1　决策变量设计

设参加本次任务的作战兵力 N_B 个发射营的 N_K 种类型的集合，分别从各自的发射区对目标集合 $Target = \{Target_1, Target_2, \cdots, Target_{N_T}\}$ 执行侦察、攻击、毁伤效果评估任务，任务类型集合为 $Mission\_Type(MT_1, MT_2, \cdots, MT_{N_M})$。设多发射区多种类多协同任务分配的二进制决策变量表示为：

$$X = \{x_{i,j,l}^{b,K,p} \mid b=1, \cdots, N_B; K=1, \cdots, N_K; p=1, \cdots, N_b^K; i,j \in T; l=1, \cdots, N_M\}$$

$$(3-7)$$

其中，b 表示发射营编号；K 表示 UAV 类型；p 表示第 6 个发射营的 UAV 类型数目。i、j 表示打击目标的序号。

根据上述决策变量的设计，总弹量为 $N_V = \sum\limits_{b=1}^{N_B} \sum\limits_{K=1}^{N_K} N_b^K$。

（1）每个发射营装备的种类为两种，即 $N_K = 2$，本书中约定：当 $K=1$ 时表示是基本型，当 $K=2$ 时表示是改进型。因此，发射营 b 装备的基本型数量为 N_b^1，发射营 b 装备的改进型数量为 N_b^2。

（2）目标的任务类型为三类，即 $N_M = 3$，本书中约定：当 $l=1$ 时表示侦察确认任务 $Confirmation$，当 $l=2$ 时表示攻击任务 $Attack$，当 $l=3$ 时表示毁伤评估任务 $Evaluation$。

3.3.2　协同任务分配约束条件分析及数学表达

1. 多 UAV 集群协同任务分配的约束条件分析

多 UAV 集群协同任务分配问题约束条件众多，主要包括五个方面：（1）任务时间约束；（2）任务时序约束；（3）任务类型及能力约束；（4）协同作战任务约束；（5）航路可飞行性约束。

定义 3.4　任务时间约束。

如果某个任务必须在指定的时间范围内完成，则称该任务具有时间约束，对目标的攻击任务应在一个时间段 $[dt_{min}, dt_{max}]$ 内完成。dt_{min} 为执行攻击任务的最早时间，dt_{max} 为执行攻击任务的最晚时间，超过该时间限制，则目标消失。

定义 3.5　任务时序约束。

如果不同任务 $Mission_i$ 和 $Mission_j$ 之间必须按照特定顺序完成，表示 $Mission_i$ 和 $Mission_j$ 之间存在任务时序约束；如果 $Mission_i$ 必须在 $Mission_j$ 之前执行，则 $Mission_i$ 为 $Mission_j$ 的前续任务，$Mission_j$ 的前续任务集合记为 $Prev(Mission_j)$，$Mission_j$ 为 $Mission_i$ 的后续任务，$Mission_i$ 的后续任务集合记为 $Next(Mission_i)$。任务间时序约束可表达为一种偏序关系 (MS, α)，MS 为具有该偏序关系的任务集合。在多 UAV 集群协同

多任务分配问题中，任务之间的时序约束通常包括以下两种：

（1）各目标上不同类型的任务之间必须满足一定的时序约束，即

$$(\{Confirmation(target_i), Attack(target_i), Evaluation(target_i)\}, \alpha) \quad (i=1, \cdots, N_T)$$

$$(3-8)$$

（2）不同目标的任务之间存在时序约束。如当目标 $target_i$ 对目标 $target_j$ 具有保护作用时，则对 $target_j$ 的侦察确认任务必须在确认了 $target_i$ 的攻击任务或者毁伤评估任务之后才能执行，具体表达如下：

$$(\{Evaluation(target_i), Confirmation(target_j)\}, \alpha),$$
$$(i=1,2,\cdots,N_T, j=1,2,\cdots,N_T, i \neq j) \quad (3-9)$$

定义 3.6　任务类型及能力约束。

任务类型及能力约束是指对能够执行任务的种类和自身续航能力的限制。在作战过程中，只能执行任务集合中与自身能力相符合的任务，且其任务过程不能超过自身最大任务数量限制和飞行航程限制。

（1）发射数量不能超过任务兵力中指定的 UAV 数量。

（2）由于作战半径的限制，任务目标必须在作战半径以内。

（3）选择攻击子目标的武器时，必须满足目标—武器约束条件。

定义 3.7　协同作战任务约束。

协同作战任务约束是实现多 UAV 协同的重要约束条件，主要考虑毁伤阈值要求、火力集中度约束、时空协同战术约束。

（1）编队对目标的毁伤度应达到一定阈值。

（2）攻击同一任务目标的数目受到一定的约束，即在取得某目标的毁伤效果的同时，也要注意不能将火力过于集中于某目标。

（3）多协同战术约束。由于多 UAV 协同攻击能够达到最大的作战效果，因此，在对某打击目标进行火力分配后，要求各架 UAV 能够由不同的航迹从不同的方向同时攻击目标，取得协同打击效果，以达到作战意图。因此，在对某任务规划中，要注意时间协同和空间协同。

定义 3.8　航迹可飞性约束。

UAV 按照任务分配计划执行任务的过程中，由当前任务转移到下一任务的飞行航迹必须具有可飞性，即航迹必须满足 UAV 的飞行性能约束、战场环境约束和安全性约束。航迹飞行约束是 UAV 所执行任务的先决条件，该约束条件主要在航迹规划时进行考虑，具体的航迹规划方法将在后续章节中讨论。

2. 多 UAV 集群协同任务分配约束条件的数学描述

对某个目标 T_j，在一次任务分配过程中，假设对其进行攻击的数量为 $MisNT_j$，其中基本型数量为 $MisNT_j\_K1$，改进型数量为 $MisNT_j\_K2$，来自某发射营 b 的数量为 $MisNT_j\_b$，来自某发射营 b 的基本型数量为 $MisNT_j\_b\_K1$，来自某发射营 b 的改进型数量为 $MisNT_j\_b\_K2$，该目标 T_j 被执行侦察确认的次数为 $MisNT_j\_C$，被执行毁伤评估任务的次数为 $MisNT_j\_E$。$MisNT_j$，$MisNT_j\_K1$，$MisNT_j\_K2$，$MisNT_j\_b$，$MisNT_j\_b\_K1$，$MisNT_j\_b\_K2$，$MisNT_j\_C$，$MisNT_j\_E$ 的计算如下所示。

$$
\begin{cases}
MisNT_j = \sum_{b=1}^{N_B} \sum_{K=1}^{N_K} \sum_{p=1}^{N_b^K} \sum_{i \in T} x_{i,j,2}^{b,K,p} \quad (l=2, j=1, \cdots, N_T) \\[2mm]
MisNT_j\_K1 = \sum_{b=1}^{N_B} \sum_{p=1}^{N_b^1} \sum_{i \in T} x_{i,j,2}^{b,1,p} \quad (l=2, K=1, j=1, \cdots, N_T) \\[2mm]
MisNT_j\_K2 = \sum_{b=1}^{N_B} \sum_{p=1}^{N_b^2} \sum_{i \in T} x_{i,j,2}^{b,2,p} \quad (l=2, K=2, j=1, \cdots, N_T) \\[2mm]
MisNT_j\_b = \sum_{K=1}^{N_K} \sum_{p=1}^{N_b^K} \sum_{i \in T} x_{i,j,2}^{b,K,p} \quad (b=1, \cdots, N_B, l=2, j=1, \cdots, N_T) \\[2mm]
MisNT_j\_b\_K1 = \sum_{p=1}^{N_b^1} \sum_{i \in T} x_{i,j,2}^{b,1,p} \quad (b=1, \cdots, N_B, K=1, l=2, j=1, \cdots, N_T) \\[2mm]
MisNT_j\_b\_K2 = \sum_{p=1}^{N_b^2} \sum_{i \in T} x_{i,j,2}^{b,2,p} \quad (b=1, \cdots, N_B, K=2, l=2, j=1, \cdots, N_T) \\[2mm]
MisNT_j\_C = \sum_{b=1}^{N_B} \sum_{p=1}^{N_b^2} \sum_{i \in T} x_{i,j,1}^{b,2,p} \quad (K=2, l=1, j=1, \cdots, N_T) \\[2mm]
MisNT_j\_E = \sum_{b=1}^{N_B} \sum_{p=1}^{N_b^2} \sum_{i \in T} x_{i,j,3}^{b,2,p} \quad (K=2, l=3, j=1, \cdots, N_T)
\end{cases}
$$

$$(3-10)$$

根据上节描述的多 UAV 集群协同任务分配约束条件，结合 $MisNT_j$，$MisNT_j\_K1$，$MisNT_j\_K2$，$MisNT_j\_b$，$MisNT_j\_b\_K1$，$MisNT_j\_b\_K2$，$MisNT_j\_C$，$MisNT_j\_E$ 等计算方法，得到如下的任务约束条件的数学描述。

1）任务能力约束

由于基本型 UAV，只能执行攻击任务，不具备侦察确认任务能力和毁伤评估任务能力，并且基本型 UAV 只进行一次攻击能力，因此有下面的约束。

$$
\begin{cases}
x_{i,j,l}^{b,K,p} = 0 \quad (K=1, i \notin B \text{ or } j \notin T_0 \text{ or } l \neq 2) \\[2mm]
\sum_{i \in T} \sum_{j \in T} \sum_{l=1}^{N_M} x_{i,j,l}^{b,1,p} = 1 \quad (K=1, b \in \{1, \cdots, N_B\}, p \in \{1, \cdots, N_b^1\})
\end{cases}
$$

$$(3-11)$$

由于改进型 UAV 只有一次攻击能力，并且最后执行的一般是攻击任务，所以攻击之前执行的是侦察确认任务或者毁伤评估任务或者不执行其他任何任务。假设改进型 UAV 在第 $i=i_0$，$j=j_0$ 节点之间执行攻击任务，则有如下的约束：

$$
\begin{cases}
\text{if} \quad K=2, l=2, i=i_0, j=j_0, x_{i_0,j_0,l}^{b,K,p}=1 \\[2mm]
\text{then } x_{i,j,l}^{b,K,p}=0 \quad (K=2, l=2, i \neq i_0 \text{ or } j \neq j_0) \\[2mm]
\sum_{i \in T} \sum_{j \in T} \sum_{l=1}^{N_M} x_{i,j,l}^{b,K,p} = 1 \quad (K=2, b \in 1, \cdots, N_B, p \in 1, \cdots, N_b^2)
\end{cases}
$$

$$(3-12)$$

2）发射营兵力约束

针对某个发射营 b，基本型的数量为 N_b^1，改进型的数量为 N_b^2。因此，该发射营的兵力约束如下：

$$
\begin{cases}
\sum\limits_{p=1}^{N_b^1} \sum\limits_{i \in T} \sum\limits_{j \in T} \sum\limits_{l=1}^{N_M} x_{i,j,l}^{b,1,p} \leqslant N_b^1 & (K=1, b=1, \cdots, N_B) \\[2ex]
\sum\limits_{p=1}^{N_b^2} \sum\limits_{i \in T} \sum\limits_{j \in T} \sum\limits_{l=1}^{N_M} x_{i,j,l}^{b,2,p} \leqslant N_b^2 & (K=2, b=1, \cdots, N_B)
\end{cases}
\tag{3-13}
$$

3）目标的毁伤程度约束

设目标的毁伤度阈值记行矢量 $\boldsymbol{D} = \{D_1, D_2, \cdots, D_{N_T}\}$。

攻击子目标 $Target_j$ 的编队对子目标的毁伤度（目标毁伤概率）计算如下。

假设某 UAV 对某目标 $Target_j$ 的毁伤概率为 p_{Kj}，j 表示目标，K 表示种类，从发射营 $b(b \in B)$ 到目标 $Target_j$ 的生存概率为 $s_{Kbj}(K=1, \cdots, N_K, b \in B, j \in T_0)$。

生存概率 s_{Kbj} 主要取决于 UAV 的类型以及 UAV 的飞行航迹，如是否具备抗干扰能力、飞行航迹威胁程度的大小等，该值通常在飞行航迹确定后给定。在本书中，由于改进型 UAV 具有中途威胁规避功能，因此其生存能力要大大高于普通型。

毁伤概率 p_{Kj} 主要取决于 UAV 的类型和目标的类型，UAV 的类型包括常规型和改进型，改进型由于采用了人在回路的遥控攻击手段，实现了"看着打"和"指着打"的模式，其毁伤概率比基本型要高。又比如对于坚固的建筑物等目标毁伤概率就低，对于一般性的雷达站毁伤概率就高。同类型 UAV 对同一目标的毁伤概率相同。

因此，发射营 $b(b \in B)$ 的一架 UAV 对目标 $Target_j$ 造成的毁伤度可描述为：

$$
Damage\_Degree_{ij} = Va_j \times p_{Kj} \times s_{Kbj}, \quad K=1, \cdots, N_K, b \in B, j \in T_0 \tag{3-14}
$$

同理，根据分析，来自不同发射营的多架 UAV 协同攻击对目标 $Target_j$ 的毁伤度可描述为：

$$
\begin{cases}
Damage\_Degree_j = \sum\limits_{b=1}^{N_B} (1 - (1-p_{1j} \cdot s_{b1j})^{\sum\limits_{p=1}^{N_b^1} \sum\limits_{i \in T} x_{i,j,2}^{b,1,p}} \cdot (1-p_{2j} \cdot s_{b2j})^{\sum\limits_{p=1}^{N_b^2} \sum\limits_{i \in T} x_{i,j,2}^{b,2,p}}) \\[2ex]
(i \in B, j \in T_0, b=1, \cdots, N_B, l=2, j=1, \cdots, N_T)
\end{cases}
\tag{3-15}
$$

毁伤度应该不小于指定的毁伤度阈值，对应的约束条件如下：

$$
\sum\limits_{b=1}^{N_B} (1 - (1-p_{1j} \cdot s_{b1j})^{\sum\limits_{p=1}^{N_b^1} \sum\limits_{i \in T} x_{i,j,2}^{b,1,p}} \cdot (1-p_{2j} \cdot s_{b2j})^{\sum\limits_{p=1}^{N_b^2} \sum\limits_{i \in T} x_{i,j,2}^{b,2,p}}) \geqslant D_j, \quad j=1, 2, \cdots, N_T
\tag{3-16}
$$

4）最大飞行航程约束

设无人机的最大航程为：

$$
Route\max_{b,K,p}, \quad b \in \{1, \cdots, N_B\}, K \in \{1, \cdots, N_K\}, p \in \{1, \cdots, N_b^K\}
\tag{3-17}
$$

在某次作战任务中，某架 UAV 的航程为：

$$
\begin{cases}
RouteDis_{b,K,p} = \sum\limits_{i \in T} \sum\limits_{j \in T} \sum\limits_{l=1}^{N_M} d_{ij} \cdot x_{i,j,l}^{b,K,p} \\[2ex]
b \in \{1, \cdots, N_B\}, K \in \{1, \cdots, N_K\}, p \in \{1, \cdots, N_b^K\}
\end{cases}
\tag{3-18}
$$

因此最大航程约束可表示为：

$$\begin{cases} \sum_{i \in T} \sum_{j \in T} \sum_{l=1}^{N_M} d_{ij} \cdot x_{i,j,l}^{b,K,p} \leqslant Route\max_{b,K,p} \\ b \in \{1, \cdots, N_B\}, K \in \{1, \cdots, N_K\}, p \in \{1, \cdots, N_b^K\} \end{cases} \quad (3-19)$$

5）攻击子目标的数目约束

多 UAV 集群协同作战效果不仅取决于单个的作战效能和对单个子目标的毁伤度，更主要的在于多 UAV 集群编队的整体作战效果，即期望对单个子目标达到一定毁伤度的同时，能够覆盖尽量多的子目标。记行矢量 $\boldsymbol{N}_A = \{N_A^1, N_A^2, \cdots, N_A^{N_T}\}$ 为所允许的对同一子目标攻击的 UAV 编队数目的阈值，则同时攻击一个子目标的 UAV 编队的数目应不超过给定的阈值。

$$MisNT_j = \sum_{b=1}^{N_B} \sum_{k=1}^{N_K} \sum_{p=1}^{N_b^K} \sum_{i \in T} x_{i,j,2}^{b,K,p} \leqslant N_A^j \quad (l=2, j=1, \cdots, N_T) \quad (3-20)$$

6）攻击时序约束

UAV 执行任务之间的时序约束为：

$$\begin{cases} Enforce[(\{Prev(Mission_i), Mission_i\}, \alpha)] \\ Enforce[(\{Mission_i, Next(Mission_i)\}, \alpha)] \end{cases}, i=\{1, 2, \cdots, NM\} \quad (3-21)$$

7）目标任务约束

根据任务的需要，对各个目标来讲，最多只需要进行一次侦察任务和一次毁伤评估任务，因此有下面的约束条件：

$$\begin{cases} MisNT_{j\_C} = \sum_{b=1}^{N_B} \sum_{p=1}^{N_b^2} \sum_{i \in T} x_{i,j,1}^{b,2,p} \leqslant 1 \quad (k=2, l=1, j=1, \cdots, N_T) \\ \\ MisNT_{j\_E} = \sum_{b=1}^{N_B} \sum_{p=1}^{N_b^2} \sum_{i \in T} x_{i,j,3}^{b,2,p} \leqslant 1 \quad (k=2, l=3, j=1, \cdots, N_T) \end{cases} \quad (3-22)$$

8）卫星通信能力约束

由于目前我国中继卫星和通信容量的数量和通信容量的限制，不能够保证所有飞行中的 UAV 都能够同时与地面进行通信。因此，在同一时空范围内，能够与地面指控中心进行数据交换的 UAV 数量存在一定的限制，数学描述为：

$$N_C \leqslant \max Num\_N_C \quad (3-23)$$

3.3.3　协同任务分配优化指标

由于协同任务分配通常是在上级指挥机关指定作战目标和作战区域的情况下进行的，因此，协同任务分配时，主要考虑目标价值收益最大、耗弹量成本最小和飞行距离最短等三项主要技术指标。

1. 目标价值收益最大指标 f_1

目标价值收益包括三个部分，一是目标打击收益，二是目标侦察收益，三是目标毁伤效果评估收益。

1）目标打击收益

UAV 攻击单个子目标的价值收益为携带武器对子目标的毁伤度与子目标价值 Va_j 的乘积，当以编队为单位出动执行任务时，对子目标的毁伤度是指编队对子目标的毁伤度。根据 3.3.2 节的"目标的毁伤程度约束"部分的描述，来自不同发射营的多架协同攻击对目标 $Target_j$ 的目标打击收益可表达为

$$Damage\_Value_j = Va_j \cdot \left(1 - \prod_{b=1}^{N_B} (1 - p_{1j} \cdot s_{b1j})^{\sum_{p=1}^{N_b^1} \sum_{i \in T} x_{i,j,2}^{b,1,p}} (1 - p_{2j} \cdot s_{b2j})^{\sum_{p=1}^{N_b^2} \sum_{i \in T} x_{i,j,2}^{b,2,p}}\right),$$
$$j = 1, \cdots, N_T$$

$$(3-24)$$

2）目标侦察收益

根据目标是否需要侦察及对目标的模糊程度，设定需要侦察目标的侦察收益。设某目标 $Target_j$ 的侦察收益为 Vc_j。该指标用于在数量不够时，首先侦察侦察收益高的目标。因此，目标的侦察收益可表示如下：

$$Confirmation\_Value_j = Vc_j \times \prod_{b=1}^{N_B} (1 - (1 - p_{2j})^{\sum_{p=1}^{N_b^2} \sum_{i \in T} x_{i,j,1}^{b,2,p}}), \ j = 1, \cdots, N_T \quad (3-25)$$

3）目标毁伤效果评估收益

根据目标的重要性以及是否需要毁伤评估，设定需要评估目标的打击效果评估收益。设某目标 $Target_j$ 的毁伤评估收益为 Ve_j，如果该目标没有毁伤评估任务，则该目标的毁伤评估收益为 0。该指标用于在数量不够时，首先安排效果评估收益高的目标。因此，目标的毁伤效果评估收益可表示如下：

$$Evalution\_Value_j = Ve_j \times \prod_{b=1}^{N_B} (1 - (1 - p_{2j})^{\sum_{p=1}^{N_b^2} \sum_{i \in T} x_{i,j,1}^{b,2,p}}), \ j = 1, \cdots, N_T \quad (3-26)$$

因此，总的目标价值收益为：

$$Value\_Total = \sum_{j=1}^{N_T} (Damage\_Value_j + Confirmation\_Value_j + Evalution\_Value_j)$$

$$(3-27)$$

因此，目标价值收益最大指标 f_1 为：

$$\max f_1 = Value\_Total \quad (3-28)$$

对指标函数 f_1 取最大，可以使得多 UAV 集群协同攻击的目标价值收益最大化。

2. 耗弹量成本最小指标 f_2

由于各种武器造价不同，如果两种型号的武器对同一子目标能够达到相近的攻击效果，则优先选择造价低廉的武器。在一次作战任务分配中，使用的基本型 UAV 和改进型 UAV 数量分别为 Mil_Num_{K1} 和 Mil_Num_{K2}，则有如下公式：

$$Mil\_Num_{K1} = \sum_{b=1}^{N_B} \sum_{p=1}^{N_b^1} \sum_{i \in T} \sum_{j \in T} x_{i,j,2}^{b,1,p} \quad (3-29)$$

$$Mil\_Num_{K2} = \sum_{b=1}^{N_B} \sum_{p=1}^{N_b^2} \sum_{i \in T} \sum_{j \in T} x_{i,j,2}^{b,2,p} \quad (3-30)$$

则耗弹量成本最小指标 f_2 形式化如下：

$$\min f_2 = cost_1 \cdot Mil\_Num_{K1} + cost_2 \cdot Mil\_Num_{K2}$$
$$= cost_1 \cdot \sum_{b=1}^{N_B} \sum_{p=1}^{N_b^1} \sum_{i \in T} \sum_{j \in T} x_{i,j,2}^{b,1,p} + cost_2 \cdot \sum_{b=1}^{N_B} \sum_{p=1}^{N_b^2} \sum_{i \in T} \sum_{j \in T} x_{i,j,2}^{b,2,p} \tag{3-31}$$

3. 飞行距离最短指标 f_3

UAV 执行任务飞行的航迹越长，则执行任务的时间越长（越不利于任务成功），消耗的燃油越多，途中非作战损失的可能性越大。对分配攻击子目标任务时，为了缩短任务时间、节省燃油、减少在途中的不必要损失等，一般贯彻"就近"攻击的原则，也就是在其他条件同等的情况下，优先选择距离任务区最近阵地内所驻编队执行相应任务。

$$\min f_3 = \sum_{b=1}^{N_B} \sum_{k=1}^{N_K} \sum_{p=1}^{N_b^k} \sum_{i \in T} \sum_{j \in T} \sum_{l=1}^{N_M} d_{ij} \cdot x_{i,j,l}^{b,k,p} \tag{3-32}$$

3.3.4　协同任务分配数学模型

上述指标中存在取大和取小两种类型，本书统一对三个指标分量取小，首先对 f_1 作如下处理：

$$\min \bar{f}_1 = -f_1 \tag{3-33}$$

则指标函数包含三个分量 $\bar{f} = [\bar{f}_1(x), f_2(x), f_3(x)]$，$x = (x_{i,j,l}^{b,K,p})$，关于 b、K、p、i、j、l 的取值范围如下：

$$\begin{cases} b = 1, \cdots, N_B; \ K = 1, \cdots, N_K; \ p = 1, \cdots, N_p^K; \ i \in T; \ j \in T_0; \ l = 1, \cdots, N_M \\ T_0 = \{T_1, T_2, \cdots, T_{NT}\}; \ B = \{b_1, b_2, \cdots, b_{N_B}\} \\ T = B \bigcup T_0 \end{cases}$$
$$\tag{3-34}$$

通过 $\bar{f}_1(x)$ 使得所有 UAV 获得总收益最大的子目标，通过 $f_2(x)$ 使作战的耗弹量成本最小，通过 $f_3(x)$ 使得编队攻击距离代价最小。上述三个目标函数相互之间都存在潜在的冲突，不可能同时达到最优值。显然，这是一个多目标优化问题，同时决策变量取值限制为整数值，因此这是一个多目标整数规划问题，且包括非线性约束。

综上所述，多 UAV 集群协同任务分配问题的数学模型为：

$$\min \bar{f}_1 = -f_1 = -\sum_{j=1}^{N_T} (Va_j \times (1 - \prod_{b=1}^{N_B} (1 - p_{1j} \cdot s_{b1j})^{\sum_{p=1}^{N_b^1} \sum_{i \in T} x_{i,j,2}^{b,1,p}} \times$$

$$(1 - p_{2j} \cdot s_{b2j})^{\sum_{p=1}^{N_b^2} \sum_{i \in T} x_{i,j,2}^{b,2,p}}) + \cdots + Vc_j \times \prod_{b=1}^{N_B} (1 - (1 - p_{2j})^{\sum_{p=1}^{N_b^2} \sum_{i \in T} x_{i,j,1}^{b,2,p}} + Ve_j \times$$

$$\prod_{b=1}^{N_B} (1 - (1 - p_{2j})^{\sum_{p=1}^{N_b^2} \sum_{i \in T} x_{i,j,1}^{b,2,p}}))$$

$$\min f_2 = cost_1 \cdot \sum_{b=1}^{N_B} \sum_{p=1}^{N_b^1} \sum_{i \in T} \sum_{j \in T} x_{i,j,2}^{b,1,p} + cost_2 \cdot \sum_{b=1}^{N_B} \sum_{p=1}^{N_b^2} \sum_{i \in T} \sum_{j \in T} x_{i,j,2}^{b,2,p} \tag{3-35}$$

$$\min f_3 = \sum_{b=1}^{N_B} \sum_{K=1}^{N_K} \sum_{p=1}^{N_b^K} \sum_{i \in T} \sum_{j \in T} \sum_{l=1}^{N_M} d_{ij} \cdot x_{i,j,l}^{b,K,p}$$

$$\begin{cases} b=1, \cdots, N_B; \; k=1, \cdots, N_K; \; p=1, \cdots, N_p^K; \; i \in T; \; j \in T_0; \; l=1, \cdots, N_M \\ T_0 = \{T_1, T_2, \cdots, T_{N_T}\}; \; B = \{b_1, b_2, \cdots, b_{N_B}\} \\ T = B \cup T_0 \end{cases}$$

S.t

(1) $\begin{cases} x_{i,j,l}^{b,K,p} = 0 \quad (K=1, \; i \notin B \; \text{or} \; j \notin T_0 \; \text{or} \; l \neq 2) \\ \sum\limits_{i \in T} \sum\limits_{j \in T_0} \sum\limits_{l=1}^{N_M} x_{i,j,l}^{b,K,p} = 1 \quad (K=1, \; b \in \{1, \cdots, N_B\}, \; p \in \{1, \cdots, N_b^1\}) \end{cases}$

(2) $\begin{cases} \text{if} \quad K=2, \; l=2, \; i=i_0, \; j=j_0, \; x_{i0,j0,l}^{b,K,p} = 1 \\ \text{then} \quad x_{i,j,l}^{b,K,p} = 0 \quad (K=2, \; l=2, \; i \neq i_0 \; \text{or} \; j \neq j_0) \\ \sum\limits_{i \in T} \sum\limits_{j \in T_0} \sum\limits_{l=1}^{N_M} x_{i,j,l}^{b,K,p} = 1 \quad (K=2, \; b \in 1, \cdots, N_B, \; p \in 1, \cdots, N_b^2) \end{cases}$

(3) $\begin{cases} \sum\limits_{p=1}^{N_b^1} \sum\limits_{i \in T} \sum\limits_{j \in T_0} \sum\limits_{l=1}^{N_M} x_{i,j,l}^{b,1,p} \leqslant N_b^1 \quad (K=1, \; b=1, \cdots, N_B) \\ \sum\limits_{p=1}^{N_b^2} \sum\limits_{i \in T} \sum\limits_{j \in T_0} \sum\limits_{l=1}^{N_M} x_{i,j,l}^{b,2,p} \leqslant N_b^2 \quad (K=2, \; b=1, \cdots, N_B) \end{cases}$

(4) $\sum\limits_{b=1}^{N_B} (1 - \prod\limits_{K=1}^{2} (1 - p_{Kj} \cdot s_{bKj})^{\sum\limits_{p=1}^{N_b^K} \sum\limits_{i \in T} x_{i,j,l}^{b,K,p}}) \geqslant D_j, \; j=1, 2, \cdots, N_T$

(5) $\begin{cases} \sum\limits_{i \in T} \sum\limits_{j \in T_0} \sum\limits_{l=1}^{N_M} d_{ij} \cdot x_{i,j,l}^{b,K,p} \leqslant Route\max_{b,K,p} \\ b \in \{1, \cdots, N_B\}, \; K \in \{1, \cdots, N_K\}, \; p \in \{1, \cdots, N_b^K\} \end{cases}$

(6) $MisNT_j = \sum\limits_{b=1}^{N_B} \sum\limits_{K=1}^{N_K} \sum\limits_{p=1}^{N_b^K} \sum\limits_{i \in T} x_{i,j,2}^{b,K,p} \leqslant N_A^j \quad (l=2, \; j=1, \cdots, N_T)$

(7) $\begin{cases} Enforce[(\{Prev(Mission_i), Mission_i\}, \alpha)] \\ Enforce[(\{Mission_i, Next(Mission_i)\}, \alpha)] \end{cases}, \; i=\{1, 2, \cdots, NM\}$

(8) $\begin{cases} MisNT_j\_C = \sum\limits_{b=1}^{N_B} \sum\limits_{p=1}^{N_b^2} \sum\limits_{i \in T} x_{i,j,1}^{b,2,p} \leqslant 1 \quad (k=2, \; l=1, \; j=1, \cdots, N_T) \\ MisNT_j\_E = \sum\limits_{b=1}^{N_B} \sum\limits_{p=1}^{N_b^2} \sum\limits_{i \in T} x_{i,j,3}^{b,2,p} \leqslant 1 \quad (k=2, \; l=3, \; j=1, \cdots, N_T) \end{cases}$

(9) $N_C \leqslant \max Num\_N_C$

(10) $x_{i,j,l}^{b,K,p} = \{0, 1\}$

本 章 小 结

本章以基本型 UAV 和具备可控攻击能力的改进型 UAV 协同作战为应用背景，针对多 UAV 集群可控攻击作战中的任务分配问题，对协同任务分配问题进行了形式化描述，设计了决策变量，分析了多 UAV 集群协同任务分配的约束条件和优化指标，构建了多 UAV 集群可控攻击协同任务分配数学模型，为协同任务分配问题的求解提供模型指导。

第 4 章　多 UAV 集群协同任务分配与在线任务调整方法

多 UAV 集群可控攻击与传统无人机攻击相比较承担的任务类型更加丰富,任务之间的协同性更加紧密,任务分配模型也更加复杂,同时在线任务变更模式也对任务分配的时效性提出了更高的要求。因此,研究优良的协同任务分配方法至关重要。本章以第 3 章建立的多 UAV 集群可控攻击协同任务分配模型为基础,将任务分配划分为预先协同任务分配与在线任务调整两个部分。针对预先协同任务分配,将其转化为一个多约束条件下的多目标整数优化问题,并通过综合比较,采用增强边界搜索能力的差分进化 CNSGA - Ⅱ 算法进行模型求解;针对在线任务调整,给出了任务再分配的逻辑流程,设计了任务再分配的选择指标和优选方法,并通过仿真实验验证了所提方法的可行性和优越性。

4.1　多 UAV 集群可控攻击协同任务分配求解思路

在第 3 章中建立的多 UAV 集群可控攻击协同任务分配模型具有以下特点:

(1) 战场环境中存在多个任务需要多 UAV 协同执行;

(2) 针对同一个目标具有多种任务类型;

(3) 不同的多 UAV 集群以及不同的任务之间均存在协同性要求。

在协同任务分配模型中,UAV 飞行总航程尽可能短通常是一项主要优化指标,因此在进行任务分配的过程中,需要规划各个发射基地到各个目标点的粗略航迹,以便在任务分配过程中计算航程代价。粗略航迹并非真实飞行的装订航迹,而是用来估计任务分配过程中的航程代价,因此,对该航迹的规划约束条件大大低于传统意义上的可飞航迹规划,可忽略爬升/下滑角度、最大转弯角度、最小直飞距离等约束。在任务规划阶段,将粗略航迹规划当作已知量,根据粗略航迹计算的生存概率也为已知量。粗略航迹规划的方法将在第 6 章中进行具体的研究,此处不再赘述。综合上述分析,多 UAV 集群可控攻击的协同任务分配求解步骤如图 4-1 所示。

图 4-1 中的时间协调主要解决完成任务的时序和时间约束问题,避免多 UAV 之间的时间冲突。时间协调与任务要求的作战时间有关,通常在任务分配完成后,在协同航迹规划阶段通过航迹长度调整、速度调节和发射窗口等多种方式进行调节,避免时间冲突。本章重点关注协同任务分配问题。

从第 3 章的模型中可以观察出,多 UAV 集群可控攻击的协同任务分配模型是一个多约束多目标整数优化问题。进化算法作为一种群体搜索方法适合求解多目标优化问题,并在大量实际优化问题如电信网络的路由优化、飞机的机翼设计等的求解中取得了成功。当前利用进化算法求解多目标优化问题受到国内外研究者越来越多的关注,并成为目前多目标优化领域和进化优化领域的研究热点。因此,通常选择进化算法作为求解协同任务分配这个多约束条件下的多目标优化问题的基本方法。

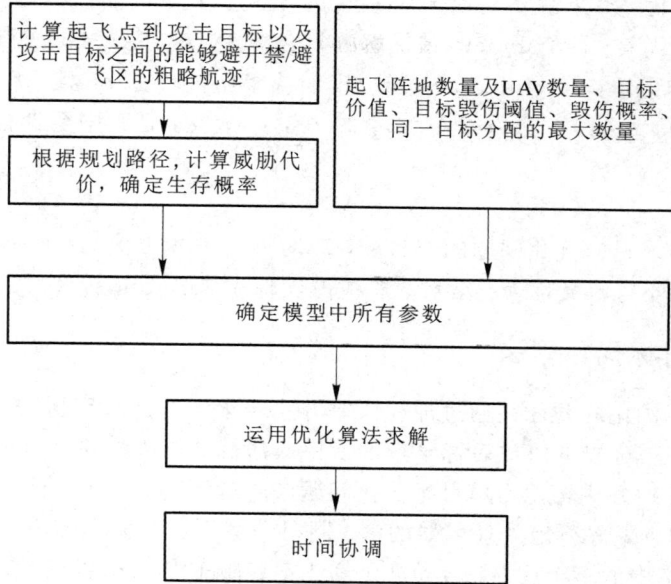

图 4-1 多 UAV 集群可控攻击的协同任务分配求解步骤

4.2 进化多目标优化算法

4.2.1 多目标优化模型

以最小化问题为例，多目标优化问题的标准形式为

$$(\text{MOP})\quad \min F(\boldsymbol{x}) = [f_1(\boldsymbol{x}), \cdots, f_p(\boldsymbol{x})]$$
$$\text{s.t.}\quad g_i(\boldsymbol{x}) \leqslant 0, \ i = 1, 2, \cdots, m \tag{4-1}$$

其中：$\boldsymbol{x} = [x_1, x_2, \cdots, x_n]^\mathrm{T}$ 是 n 维向量，称 $\boldsymbol{x}$ 为决策向量，$\boldsymbol{x}$ 所在的空间为决策空间 E^n；$f_1(\boldsymbol{x}), \cdots, f_p(\boldsymbol{x})$ 为目标函数，p 维向量 $[f_1(\boldsymbol{x}), \cdots, f_p(\boldsymbol{x})]$（也称为目标向量）所在的空间称为目标空间 E^p；$g_i(\boldsymbol{x})$ $(i = 1, 2, \cdots, m)$ 称为约束函数。当决策变量为整数向量时，称为多目标整数规划问题。下面给出求解多目标优化问题的几个常用基本概念。

定义 4.1 （可行集）满足约束条件的决策向量构成的集合称为多目标优化问题在决策空间上的可行集 X。

$$X = \{\boldsymbol{x} \in E^n \,|\, g_i(\boldsymbol{x}) \leqslant 0, \ i = 1, 2, \cdots, m\} \tag{4-2}$$

定义 4.2 （可行域）称可行集 X 在目标空间的像为多目标优化问题在目标空间上的可行域 Y。

$$Y = \{(f_1, \cdots, f_p) \in E^p \,|\, f_i = f_i(\boldsymbol{x}), \ \boldsymbol{x} \in X\} \tag{4-3}$$

定义 4.3

(1) Pareto 支配：解 $\boldsymbol{a}$ 支配 $\boldsymbol{b}(\boldsymbol{b} \prec \boldsymbol{a})$ 当且仅当

$$f_i(\boldsymbol{a}) \leqslant f_i(\boldsymbol{b}) \quad (i = 1, 2, \cdots, M) \tag{4-4}$$

$$f_i(\boldsymbol{a}) < f_i(\boldsymbol{b}), \qquad \exists\, i \in \{1, 2, \cdots, M\} \tag{4-5}$$

（2）Pareto 最优：如果解 $\boldsymbol{a}$ 是 Pareto 最优的，当且仅当 $\neg \exists\, \boldsymbol{b} \in X : \boldsymbol{a} \prec \boldsymbol{b}$。

（3）Pareto 最优集：所有 Pareto 最优解的集合 $P_s = \{\boldsymbol{a} \mid \neg \exists\, \boldsymbol{a} \prec \boldsymbol{b}\}$。

定义 4.4　（非劣解，non-inferior solution）若决策向量 $\boldsymbol{x}' \in X$，且不存在另一个可行决策向量 $\boldsymbol{x} \in X$，使得 $f_i(\boldsymbol{x}) \leqslant f_i(\boldsymbol{x}')$（$i = 1, 2, \cdots, p$）成立，且其中至少有一个严格不等式成立，即

$$\neg \exists\, \boldsymbol{x} \in X : \boldsymbol{x} \prec \boldsymbol{x}' \tag{4-6}$$

则称决策向量 $\boldsymbol{x}'$ 为多目标优化问题的非劣解，此时称 $\boldsymbol{x}'$ 是非占优的。所有非劣解构成的集合称为非劣解集。非劣解又称为有效解、非被占优解或 Pareto 最优解。

4.2.2　进化多目标优化算法

传统的多目标优化问题往往通过加权法等方式转化为单目标问题，然后用单目标优化方法来求解，该方法对权重值或目标给定的次序较敏感。与传统的多目标优化方法将多目标优化问题通过各种方式转化为单目标优化问题来求解不同，进化算法求解多目标优化问题时，是以种群的方式并行地处理可能的解，同时对多个目标进行优化，能在一次算法中找到 Pareto 最优集中的多个解。此外，进化算法不局限于 Pareto 前沿的形状和连续性，易于处理不连续的、非凸的 Pareto 前沿，这在数学规划技术中是两个非常重要的问题。因此，进化算法被视为求解多目标优化算法的有效方法。目前进化算法在多目标优化领域的应用研究，已经形成了一个相对比较成熟的研究体系。对于多目标优化进化算法，一般都采用支配关系和精英策略，其基本流程如下（设群体规模为 N）：

（1）初始化群体 $P(0)$，并置计数器 $t = 0$；

（2）进化操作：EA 进化群体 $P(t)$ 得到群体 $Q(t)$；

（3）计算适应度（支配关系＋分布性）；

（4）计算 $P(t) \bigcup Q(t)$ 中个体在支配关系上的适应度值；

（5）计算 $P(t) \bigcup Q(t)$ 中个体在分布性上的适应度值；

（6）精英策略：将 $P(t) \bigcup Q(t)$ 中适应度最好的 N 个体复制到 $P(t+1)$ 中；

（7）终止判断：$t = t+1$，若未满足终止条件，则转步骤（2），否则输出 $P(t)$ 中的非支配解。

4.2.3　多约束条件下的多目标优化算法

由于协同任务分配模型是多约束条件下的多目标优化问题，因此，首先简单介绍多约束条件下的多目标优化方法发展现状。目前，对于多约束条件下的进化多目标优化算法的研究还相对较少，原因有二：一方面是多目标约束优化问题自身的难度很大；另一方面是不带约束的进化多目标优化算法的研究还处于发展阶段。

在约束条件下的进化多目标优化研究中，国外的代表性工作主要有：R. Sarker 等人提出了 Pareto 前沿的差分进化算法 PDE；Deb 等人提出了约束支配关系应用于经典算法 NSGA-Ⅱ 中的 CNSGA-Ⅱ 算法；Jimenez 等人通过混合约束处理技术和多样性机制来求解目标约束优化问题；Chafekar 等人提出了使用稳态遗传算法的方式进行多目标约束优化。在国内，武汉大学的邹秀芬教授等人对约束多目标优化问题建立了一种新的偏序关

系，引入了约束占优的概念；清华大学的吴澄教授等人提出了使用不可行度进行约束处理的方法；中国科学技术大学的王煦法教授等人提出了非可行解精英策略，并将随机排序方法引入约束处理中，同时提出了一种混合差分进化和遗传算法相结合的算法，以提高边界搜索能力，获得了更完整的 Pareto 前沿；西安电子科技大学的刘淳安等人设计了新的适应度函数和开关选择算子，并分析了算法的收敛性。针对多约束条件下的多目标优化问题，如何有效地处理约束是其求解的关键。归纳起来处理约束条件下的多目标优化问题的主要方法有以下三类。

1. 仅考虑可行解的方法

仅考虑可行解的方法是在进化过程中只使用和产生可行解。这种方法十分简单，但最大的问题在于：对于某些问题，如何获得可行解本身十分困难。

2. 惩罚函数方法

惩罚函数方法是对优化目标按约束违反程度进行惩罚。惩罚函数法的主要缺点是惩罚参数的选取比较困难，而且算法的性能完全依赖于参数的选取。若惩罚参数过小，则属于欠惩罚，此时群体可能收敛到不可行解；若惩罚参数过大，则属于过惩罚，此时群体难以利用不可行解所提供的一些有价值的信息。

3. 约束支配方法

Deb 等人通过对单目标约束优化中的三个比较准则进行扩展，提出了采用约束支配关系进行约束处理的 CNSGA – Ⅱ 算法。该算法在约束处理时，除了需计算约束违反程度外，不需要其他额外的计算和参数，是目前多目标约束处理中最常用的方法。

通过上述分析，选择 CNSGA – Ⅱ 算法作为协同任务分配模型的基本求解方法，并针对 CNSGA – Ⅱ 算法在某些测试函数上难以找到完整 Pareto 前沿的问题，采用了差分进化方法。为了获得更完整的 Pareto 前沿，借鉴单目标约束优化中的 Runarsson – Yao 搜索偏向策略，该策略改进了当前最优解的选择模式，可以增强边界搜索能力。为了叙述方便，本书将研究的求解多目标多约束问题的方法称为改进的差分进化 CNSGA – Ⅱ 算法，简称为 IDE – CNSGA – Ⅱ（Improved Derivation Evolutionary CNSGA – Ⅱ）。

4.3　改进的差分进化 CNSGA – Ⅱ 算法

4.3.1　CNSGA – Ⅱ 算法的流程

CNSGA – Ⅱ 算法是在 NSGA – Ⅱ 算法的基础上引入了约束支配关系，其本质上属于 NSGA – Ⅱ 算法。因此，下面首先介绍 NSGA – Ⅱ 算法，然后介绍 CNSGA – Ⅱ 算法。

1. NSGA – Ⅱ 算法的流程

NSGA – Ⅱ 算法采用了不同于 SPEA 和 SPEA2 的另一种算法结构，该算法中没有外部档案，而是在每一代首先对种群 P 进行遗传操作，得到种群 Q，然后将两种群合并，进行非劣排序和拥挤距离排序，形成新的种群 P，反复进行直到结束。NSGA – Ⅱ 算法是 NSGA 的改进版本，于 2002 年提出，在过去几年里，该算法非常流行，经常成为其他多目标进化算法的比较对象。

如图 4-2 所示，NSGA-II算法的主要过程描述如下：

（1）随机产生初始种群 P_0，然后对种群进行非劣排序，每个个体被赋予秩；然后对初始种群执行二元竞标赛选择、交叉和变异，得到新的种群 Q_0，令 $t=0$。

（2）形成新的群体 $R_t = P_t \cup Q_t$，对种群 R_t 进行非劣排序，得到非劣前端 F_1，F_2，…。

（3）对所有 F_i 按拥挤距离比较操作进行排序，并选择其中最好的 N 个形成种群 P_{t+1}。

（4）对种群 P_{t+1} 执行复制、交叉和变异，形成种群 Q_{t+1}。

（5）如果终止条件成立，则结束；否则，$t=t+1$，转到（2）。

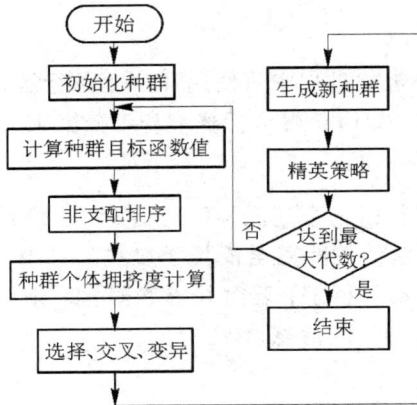

图 4-2　NSGA-II算法的流程图

2. NSGA-II算法的主要核心思想

NSGA-II算法的主要核心思想有快速非支配排序、拥挤距离计算和拥挤距离排序、选择运算和精英策略。

1）快速非支配排序

快速非支配排序即在执行选择操作前，按照目标函数值的非劣水平对种群个体进行等级划分。具体方法为：将当前种群中所有非劣解个体划分为同一等级，令其等级为 1；然后将这些个体从种群中移出，在剩余个体中找出新的非劣解，再令其等级为 2；重复上述过程，直至种群中所有个体都被设定相应的等级。

2）拥挤距离计算和拥挤距离排序

拥挤度指目标空间上的每一点与同级相邻两点之间的局部拥挤距离。其直观表示如图 4-3 所示，目标空间第 k 点的拥挤距离等于它在同一等级相邻的点 $k-1$ 和 $k+1$ 组成的矩形两个边长之和。该算子可使计算结果在目标空间比较均匀地散布。

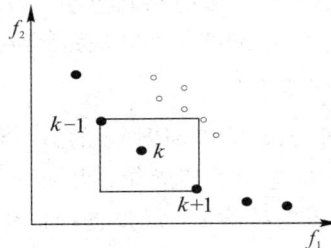

图 4-3　局部拥挤距离示意图

3) 选择运算

对种群中的所有染色体进行非支配排序和拥挤度计算后，每条染色体都具有两个参数，即非支配序号和拥挤距离。选择操作时，首先选取非支配序号小的个体，对于非支配序号相同的个体，优先选择拥挤距离较大的个体，这样能够保证解的均匀分布。

4) 精英策略

精英策略即保留父代中的优良个体直接进入子代。采用的方法为：首先把当前的父代种群只和子代种群合并为一个新的种群；再对新种群中所有个体的目标函数值进行快速非支配排序并计算拥挤距离，按照排序等级的高低及拥挤距离逐一选取个体形成新的父代种群；最后通过新一轮的选择、交叉和变异形成新的子代种群。

3. CNSGA - Ⅱ 算法

CNSGA - Ⅱ 算法在 NSGA - Ⅱ 的基础上引入了约束支配关系。因此，这里首先简要介绍进化多目标约束优化中最为常用的约束支配关系"$<_c$"，其具体定义为：对决策空间中的任意两个决策向量 a 和 b，有

$$a <_c b \Leftrightarrow \begin{cases} a < b \wedge \varphi(g(a)) = \varphi(g(b)) = 0 \\ \text{or} \\ \varphi(g(a)) = 0 \wedge \varphi(g(b)) > 0 \\ \text{or} \\ g(b) > \varphi(g(a)) > 0 \end{cases} \qquad (4-7)$$

其中，$\varphi(g(a))$ 表示决策向量 a 的约束违反程度，其定义为

$$\varphi(g(a)) = \sum_{i=1}^{p} w_i (\max(g(a), 0))^{\beta} \qquad (4-8)$$

其中指数项 β 通常为 1 或 2，权重系数 $w_i (1 \leqslant i \leqslant p)$ 为正数。将公式 (4-7) 定义的约束支配关系应用于算法 NSGA - Ⅱ 中，就是目前求解约束多目标优化问题的经典算法，记为 CNSGA - Ⅱ。

4.3.2　差分进化算法

R.Stom 和 K.Price 在文献中提出了差分进化方法，该方法对函数优化具有收敛速度快和稳定性强的特点。差分进化不同于一般的进化算法，它主要体现在新个体的生成方式上。在文献[165]中定义了两种基本的个体生成模式。

模式 1　设有 N 个向量，X_i，$i = 0, 1, \cdots, N-1$，向量 V 可按下列公式生成：

$$V = X_{r1} + \eta \cdot (X_{r2} - X_{r3}) \qquad (4-9)$$

其中 X_{r1}、X_{r2}、X_{r3} 为从进化群体中随机选取的互不相同的三个个体，η 为位于区间 [0, 1] 中的参数。

模式 2　与模式 1 中的前提相同，向量 V 按如下方式生成：

$$V = X_{r1} + \xi \cdot (X_{best} - X_{r1}) + \eta \cdot (X_{r2} - X_{r3}) \qquad (4-10)$$

这里增加了一个控制变量 ξ，提供了一种向当前最优解 X_{best} 靠近的方式。

针对单目标约束优化问题，T.P.Runarsson 和 X.Yao 在文献[166]中提出在进化策略

$ES(\mu, \lambda)$ 中生成下一代群体时，可利用差分进化生成 u 个个体：

$$x' \leftarrow x_i + \gamma \cdot (x_1 - x_{i+1}) \quad (i \in \{1, 2, \cdots, u\}) \tag{4-11}$$

其中参数 γ 表示搜索步长，x_1 表示随机排序后群体中的第 1 个个体，x_i 表示群体中的第 i 个个体。

4.3.3 增强边界搜索的多目标差分进化

CNSGA-II 算法在多目标约束优化中对可行解和不可行解进行排序之后，很少关注如何获得更完整的 Pareto 前沿。经典算法 CNSGA-II 在一些测试函数中很难获得完整的 Pareto 前沿，该方法难以有效地对当前 Pareto 前沿的边界区域进行搜索。因此，针对上述问题，借鉴单目标约束优化中 T.P.Runarsson 和 X.Yao 的搜索偏向策略，在多目标约束优化算法 CNSGA-II 中引入搜索偏向策略，以提高算法的边界搜索能力。而文献[166]中的 T.P.Runarsson 和 X.Yao 的搜索偏向策略是针对单目标约束优化问题，不能够直接移植到多目标约束优化问题，需要做出一些改进。

根据公式(4-11)可知，该公式将产生接近个体 x_1 的 u 个个体，而 x_1 表示群体中的当前最优解。但是对约束多目标优化问题而言，由于目标函数之间存在冲突，非支配解集的数目往往都大于 1，如图 4-4 所示。

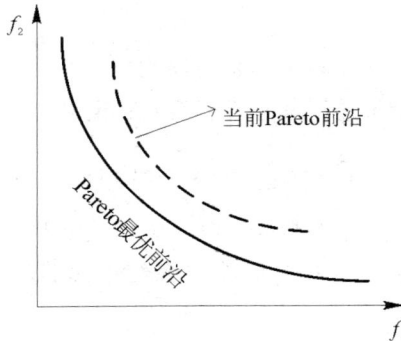

图 4-4　Pareto 最优前沿的简单实例

在图 4-4 中，从分布性角度而言，当前 Pareto 前沿与 Pareto 最优前沿还有一定的距离。根据 Pareto 最优的定义可知，当前 Pareto 最优解集中的个体都是当前最优的。若将公式直接用于约束多目标优化，即从当前 Pareto 最优解集中随机或确定地选择一个个体，则当前 Pareto 最优解集中只有一部分区域的搜索会随机或确定增强，而从全局来看，这将不利于群体的多样性。因此，由上述分析可知，"当前最优解"需要被扩展为一个集合，包含一个以上的个体，即"当前最优解集"。为增强在"当前最优解集"附近的搜索，即偏向当前最优解集附近区域的搜索，则需要利用公式产生一部分个体。然而，若随机或确定地选择当前最优解集，仍然很难在边界区域有效地进行搜索，群体仍可能会收敛到 Pareto 最优前沿的一部分。为提高边界搜索能力，当利用公式产生一部分个体时，当前最优解集必须在边界区域提供足够的搜索偏向。因此，如何选择这些当前最优解就成为约束多目标优化中的关键问题。

　　从上面的分析可知,为获得更完整的 Pareto 前沿,"当前最优解"需要被扩展为一个集合,且能够表示边界区域所需的主要搜索偏向。根据 Pareto 最优前沿是否连续,设计了两种多目标差分进化方式,分别记为模式 1 和模式 2,模式 1 针对 Pareto 前沿连续的情况,模式 2 针对 Pareto 前沿非连续的情况。

　　模式 1　对于类似图 4-5 中所示的约束多目标优化问题,即 Pareto 最优前沿是连续的情况,为获得更完整的 Pareto 前沿,一个简单的方法就是选择当前非支配解集 NDS(Non-Dominated Set)中的边界作为"当前最优解集",并利用公式通过对边界个体的均匀采样来产生一部分个体,具体的多目标差分进化方式(模式 1)如图 4-5 所示。

$$
\begin{aligned}
&\text{for } k = 1 \text{ to } \alpha N \text{ do} \\
&\quad x_{\text{beat}} = \text{Uniform−Sample (Boundary(NDS))} \\
&\quad i = \text{rand } [1, N] \\
&\quad x'_k \leftarrow x_i + \gamma(x_{\text{best}} - x_{i+1}) \\
&\text{end}
\end{aligned}
$$

图 4-5　模式 1(边界个体作为当前最优解集)的形式化描述

　　在图 4-5 中,参数 N 表示群体规模,参数 α 表示使用模式 1 生成个体的比率。Boundary 函数选择当前非支配解集中每一维上具有最大值和最小值的个体,即边界个体。模式 1 产生接近当前非支配解集边界的 αN 个个体,从而直接增强存边界区域的搜索能力,且群体多样性也能得到保持。因此,使用模式 1 将会增大获得完整 Pareto 前沿的概率。

　　模式 2　当 Pareto 最优前沿不连续时,仅通过模式 1 增强边界搜索往往仍然很难获得完整的 Pareto 前沿,如图 4-6 所示。图 4-6 所示的问题具有不连续的 Pareto 最优前沿,则仅通过增强在每一维具有最大值和最小值个体附近区域的搜索,并不能保证获得更完整的 Pareto 前沿,这是因为这些边界个体存在图 4-6 所示的情形下只能代表部分搜索偏向。

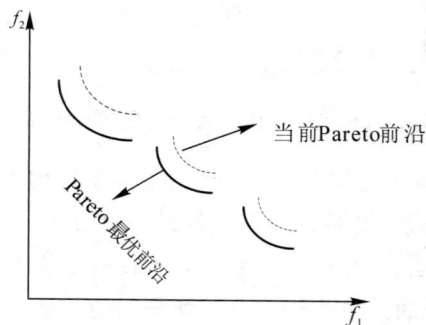

图 4-6　具有不连续 Pareto 最优前沿的简单实例

　　在图 4-6 中,主要的搜索偏向为当前 Pareto 前沿三个连续部分的边界。因此,为获得更完整的 Pareto 前沿,需要从当前非支配解集中选择能代表不同连续部分边界的个体(代表性个体），通过在这些代表性个体的附近区域产生一些个体，提高边界搜索能力，从而获得分布性更好的非支配解集。然而，目前并没有方法能以相对较低的计算复杂度获得这些代表性个体。本书设计了一种基于约束支配关系和排挤距离的适应度函数，通过该函数进行这些代表性个体的选择，具体算法如图 4-7 所示。

1. 对群体 P 按照约束支配关系进行分层，则 $P = F_1 \cup F_2 \cup F_3 \cup \cdots \cup F_k$，其中层 $F_i(1 \leqslant i \leqslant k)$ 表示去除前 $i-1$ 层后群体 P 中的非支配解集
2. 计算群体 P 中个体的拥挤距离 I：对可行解，计算方式与文献 [161] 中相同；对不可行解，拥挤距离的值为 0
3. 计算群体 P 中个体的适应度：对个体 x，$\mathrm{fitness}(x) = i + \dfrac{1}{2 + I(x)}$，$x \in F_i$
4. 对群体 P 按照适应度值升序排序，选择前 M 个个体作为代表性个体

图 4-7　代表性个体的选择算法

如图 4-7 所示的选择算法中，由于采用了约束支配关系进行分层，从适应度函数的定义可以看到，代表性个体都在第一层或前几层中选择，所以选择出的代表性个体都是可行解或约束违反程度相对较小的不可行解。在每一层中，拥挤距离确保了这些代表性个体的多样性。当代表性个体是可行解时，这些个体将十分接近当前 Pareto 的边界区域，且通过差分进化产生的个体都将靠近这些代表性个体，则进化过程中边界区域的搜索能力将会得到提高，而且子代群体的多样性也将得到保持。当代表性个体是不可行解时，这些个体将更接近可行区域。按照图 4-7 中的适应度计算方法，当前 Pareto 前沿三个连续部分边界个体的适应度值将小于其他个体时，则将在排序后处于群体的前列且被选为代表性个体。因此，利用图 4-7 所示的选择算法可以获得主要搜索偏向。将图 4-7 选择出的 M 个代表性个体作为"当前最优解集"，则可按照图 4-8 所示的模式 2 产生一部分个体。

$$
\begin{aligned}
&\text{for } k = 1 \text{ to } \alpha N \text{ do}\\
&\qquad best = \mathrm{mod}(k-1, M)+1\\
&\qquad i = \mathrm{rand}\ [1, N]\\
&\qquad x'_k \leftarrow x_i + \gamma(x_{best} - x_{i+1})\\
&\text{end}
\end{aligned}
$$

图 4-8　模式 2（代表性个体作为当前最优解集）的形式化描述

根据文献 [161] 中排挤距离的定义可知，每层边界个体的 I 值为 ∞。因此，当 M 等于非支配解集的边界数目时，模式 1 和模式 2 是相同的。而当 M 小于边界数目时，代表性个体只是边界个体的一部分，则此时代表性个体就不能表示主要的搜索偏向，且群体多样性也将难以维持。因此，参数 M 的值应大于非支配解集的边界数，从而使两种模式具有明显的区别。

4.3.4　改进的差分进化 CNSGA-Ⅱ 算法框架

本书提出的改进的差分进化 CNSGA-Ⅱ 算法（IDE-CNSGA-Ⅱ）是基于经典算法

CNSGA-Ⅱ和多目标差分进化算法。与文献[157]相似,下一代群体中 N 个个体的产生方式:通过多目标差分进化产生 αN 个个体,其余个体由遗传操作(CNSGA-Ⅱ算法中的交叉和变异算子)产生,但是在多目标差分进化产生新个体时引入了搜索偏向策略,以提高边界搜索能力从而获得更完整的 Pareto 前沿。IDE-CNSGA-Ⅱ的形式化描述如图 4-9 所示。

1. 初始化种群 P_0,并置计数器 $t=0$,群体 $Q_t=0$,设群体 P_0 的规模为 N

2. 评估群体 P_t

3. $P_t=P_t+Q_t$

4. 利用群体 P_t 产生下一代群体 P_{t+1},具体如下:

    4.1 按照图4-9中的方法计算群体 P_t 中个体的适应度值;

    4.2 对群体 P_t 按照适应度值升序排序,并选择前 N 个个体复制到群体 Q_{t+1} 中;

    4.3 在群体 Q_{t+1} 上利用多目标差分进化算法产生 αN 个个体,并放入群体中 Q_{t+1};

    4.4 在群体 Q_{t+1} 上利用二元联赛选择、交叉和变异算子产生 $(1-\alpha)N$ 个个体,并同样放入群体 P_{t+1} 中

5. $t=t+1$,若终止条件满足,则输出可行的非支配解集,否则转步骤2

图 4-9　IDE-CNSGA-Ⅱ的形式化描述

在图 4-9 所描述的算法中,步骤 4.3 中的多目标差分进化算法可以采用图 4-6 所示的模式 1 或图 4-9 所示的模式 2。下面分析算法 IDE-CNSGA-Ⅱ的时间复杂度。

图 4-9 所示算法 IDE-CNSGA-Ⅱ步骤 4 中所有操作的时间复杂度如下:

(1) 个体适应度函数值的计算操作: $O(m(2N)^2)+O(m(2N)\log(2N))$。

(2) 根据适应度函数值的群体排序操作: $O(2N\log(2N))$。

(3) N 个个体的复制操作: $O((m+n)N)$。

(4) 多目标差分进化算法产生个体的操作: $O(n(\alpha N))$。

(5) 本书采用的交叉和变异算子产生个体的操作: $O(n(1-\alpha)N)$。

另外,图 4-9 所示算法 IDE-CNSGA-Ⅱ中步骤 2 和步骤 3 在最坏情况下的时间复杂度分别为 $O(mN)$ 和 $O((m+n)N)$。

综上可知,IDE-CNSGA-Ⅱ一次迭代的时间复杂度为 $O(mN^2+nN)$,与算法 CNSGA-Ⅱ的时间复杂度相当。

4.3.5　IDE-CNSGA-Ⅱ算法试验

1. 测试函数

选择文献[152]和文献[158]中的 12 个测试函数(CTP8 函数有两种模式)来评估 IDE-CNSGA-Ⅱ的性能。12 个测试函数如表 4-1 所示。在表 4-1 中,函数 CTP1 的约束条件个数为 2,参数向量 a 和 b 的值分别为 $(0.858,0.728)$ 和 $(0.541,0.295)$, $d=2$, $\theta=-0.2\pi$;函数 DTLZ7 中参数 m 的值设为 3,即 DTZL7 为三目标函数测试实例, n 取值为 24;函数 CTP8 具有两个约束条件,形式相同但参数不同,且该函数的 Pareto 最优前沿是不连续的,由多个连续部分组成。对函数 CTP1~CTP8,约束条件在形式上相同,但其中的参数不同。表 4-2 给出了区分函数 CTP1~CTP8 的具体参数设置。

表 4 - 1 测 试 函 数

函数名称	决策变量 n	目标函数	约束条件	变量范围
CTP1	5	$f_1(x)=x_1$; $f_2(x)=g(x)\exp\dfrac{-f_1(x)}{g(x)}$ $g(x)=41+\displaystyle\sum_{i=2}^{5}(x_i^2-10\cos(2\pi x_i))$	$c_j(x)=f(x_2)-a_j\exp(-b_jf_1(x))\geq0, j=1,2,\cdots,J$ $c(x)=\cos(\theta)(f_2(x)-e)-\sin(\theta)f_1(x)\geq$ $a\left|\sin(b\pi(\sin(\theta)(f_2(x)-e)+\cos(\theta)f_1(x))^c)\right|^d$	$x_1\in[0,1]$; $x_i\in[-5,5], 2\leq i\leq5$
CTP2~CTP8	5	$f_1(x)=x_1$; $f_2(x)=g(x)\dfrac{1-f_1(x)}{g(x)}$ $g(x)=41+\displaystyle\sum_{i=2}^{5}(x_i^2-10\cos(2\pi x_i))$	$c_j(x)=f(x_2)-a_j\exp(-b_jf_1(x))\geq0, j=1,2,\cdots,J$ $c(x)=\cos(\theta)(f_2(x)-e)-\sin(\theta)f_1(x)\geq$ $a\left|\sin(b\pi(\sin(\theta)(f_2(x)-e)+\cos(\theta)f_1(x))^c)\right|^d$	$x_1\in[0,1]$; $x_i\in[-5,5], 2\leq i\leq5$
OSY	6	$f_1(\boldsymbol{x})=-25(x_1-2)^2-(x_2-1)^2-(x_3-2)^2-$ $(x_4-4)^2-(x_5-1)^2$ $f_2(\boldsymbol{x})=\displaystyle\sum_{i=1}^{6}x_i^2$	$c_1(\boldsymbol{x})=x_1+x_2-2\geq0, c_2(\boldsymbol{x})=6-x_1+x_2\geq0$ $c_3(\boldsymbol{x})=2-x_2+x_1\geq0, c_4(\boldsymbol{x})=2-x_1+3x_2\geq0$ $c_5(\boldsymbol{x})=4-(x_3-3)^2-x_4\geq0, c_6(\boldsymbol{x})=(x_5-3)^2+x_6-4\geq0$	$0\leq x_1,x_2,x_6\leq10$ $1\leq x_3,x_5\leq5, 0\leq x_4\leq6$
TNK	2	$f_1(\boldsymbol{x})=x_1$ $f_2(\boldsymbol{x})=x_2$	$c_1(\boldsymbol{x})=x_1^2+x_2^2-0.1\cos\left(16\tan\dfrac{x_1}{x_2}\right)\geq0$ $c_2(\boldsymbol{x})=(x_1-0.5)^2+(x_2-0.5)^2$	$0\leq x_1,x_2\leq\pi$
REV	2	$f_1(\boldsymbol{x})=(x_1-5)^2+x_2^2$; $f_2(\boldsymbol{x})=(x_1+5)^2+x_2^2$	$c(\boldsymbol{x})=x_2-10\geq0$	$-20\leq x_1,x_2\leq20$
DTLZ7	30	$f_j(\boldsymbol{x})=\dfrac{1}{\lfloor n/m\rfloor}\displaystyle\sum_{i=\lfloor(j-1)n/m\rfloor}^{\lfloor jn/m\rfloor}x_i, j=1,2,\cdots,m$	$c_j(\boldsymbol{x})=f_m(\boldsymbol{x})+4f_j(\boldsymbol{x})-1\geq0, j=1,2,\cdots,m-1$ $c_m(\boldsymbol{x})=2f_m(\boldsymbol{x})-1+\displaystyle\min_{\substack{i,j=1\\i\neq j}}^{m-1}[f_i(\boldsymbol{x})+f_j(\boldsymbol{x})]\geq0$	$x_i\in[0,1],1\leq i\leq30$

表 4 - 2　函数 CTP1~CTP8 的参数设置

函数	θ	a	b	c	d	e
CTP1	-0.2π	0.3	10	1	2	1
CTP2	-0.2π	0.2	10	1	6	1
CTP3	-0.2π	0.1	10	1	0.5	1
CTP4	-0.2π	0.75	10	1	0.5	1
CTP5	-0.2π	0.1	10	2	0.5	1
CTP6	0.1π	40	0.5	1	2	-2
CTP7	-0.05π	40	5	1	6	0
CTP8	0.1π	40	0.5	1	2	-2
	-0.05π	40	2	1	6	0

2. 优化算法试验结果与比较

试验中,选择目前求解多目标约束优化问题的 CNSGA -Ⅱ算法和提出的 IDE - CNSGA -Ⅱ 进行对比试验。算法中采用的参数设置如表 4 - 3 所示。

表 4 - 3　算法的参数设置

群体规模	代表性个体数	差分进化比率	交叉概率	变异概率	进化代数
N	M	α	p_c	p_m	MaxGen
100	5	50%	0.4	0.4	100

分别采用 CNSGA -Ⅱ算法和本书提出的 IDE - CNSGA -Ⅱ对上述 13 个多目标优化问题进行仿真计算,得到的优化效果如图 4 - 10~图 4 - 22 所示。

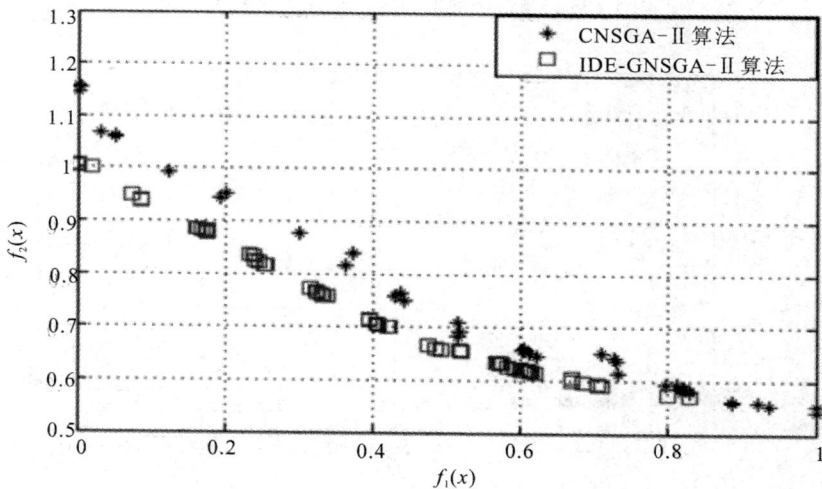

图 4 - 10　测试函数 CTP1 多目标优化效果图

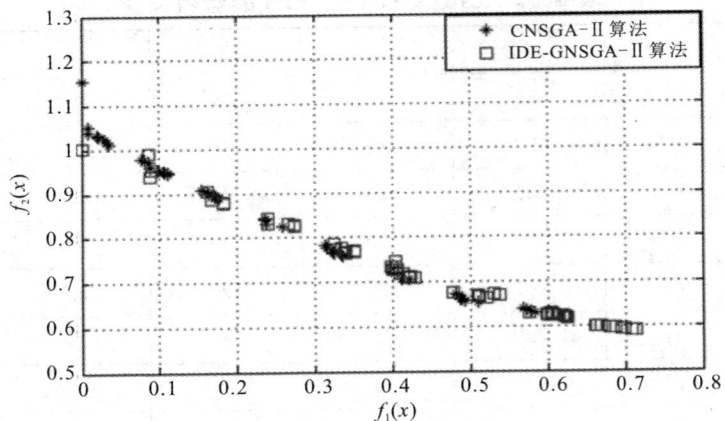

图 4 - 11　测试函数 CTP2 多目标优化效果图

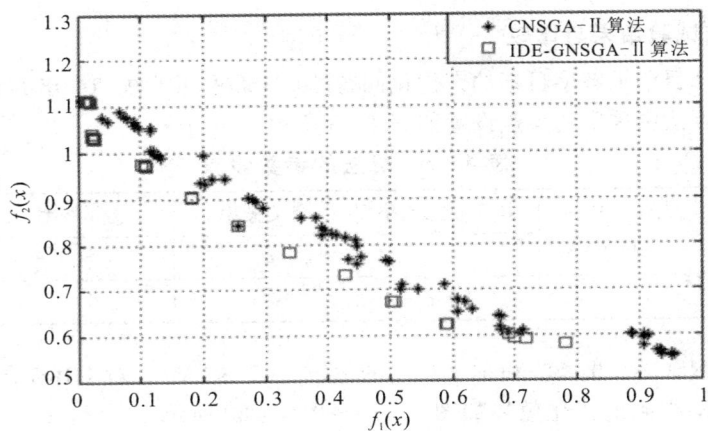

图 4 - 12　测试函数 CTP3 多目标优化效果图

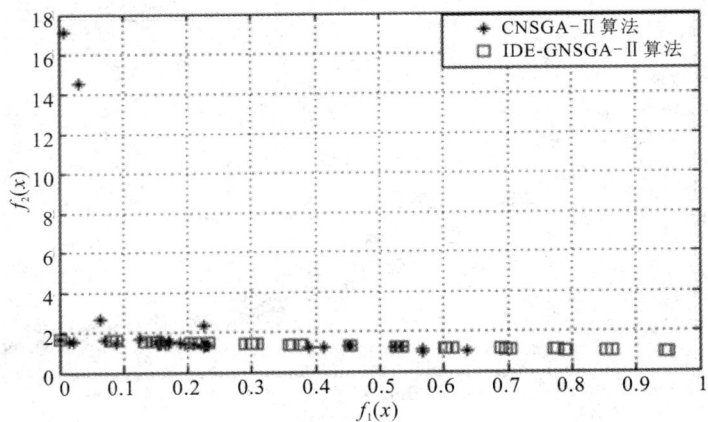

图 4 - 13　测试函数 CTP4 多目标优化效果图

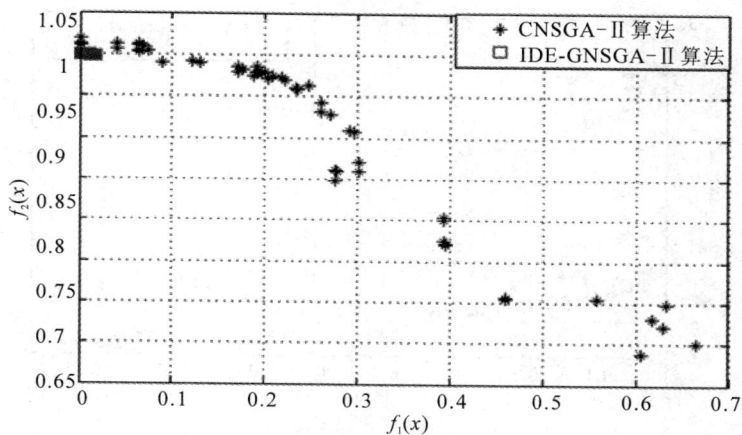

图 4 - 14　测试函数 CTP5 多目标优化效果图

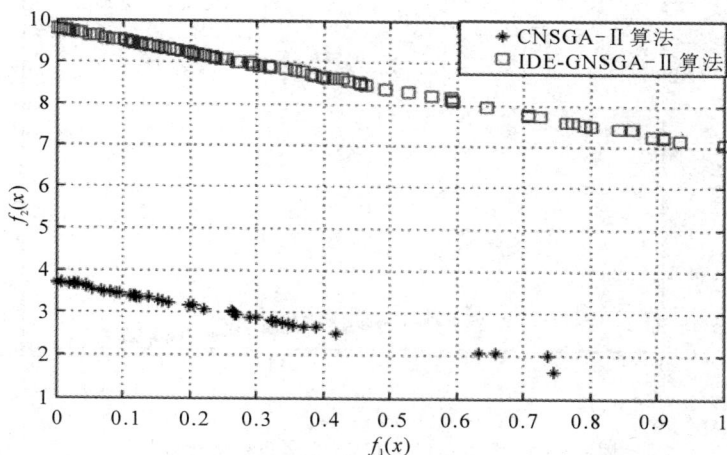

图 4 - 15　测试函数 CTP6 多目标优化效果图

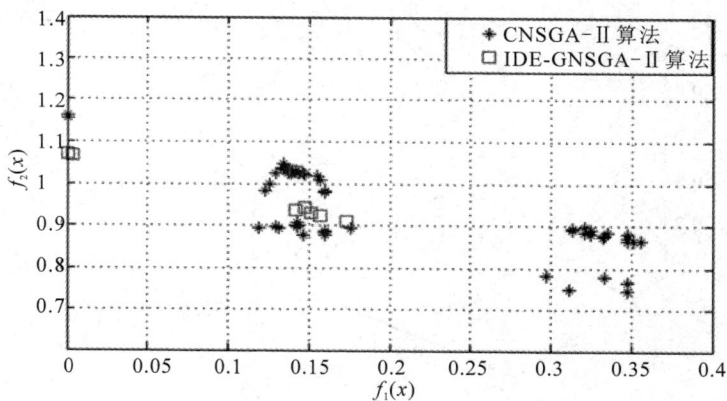

图 4 - 16　测试函数 CTP7 多目标优化效果图

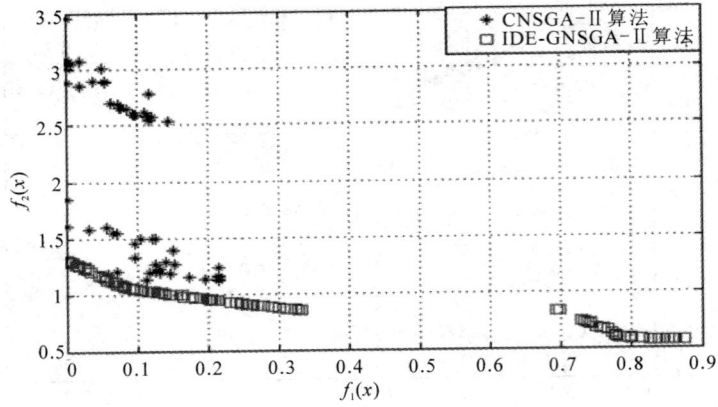

图 4-17　测试函数 CTP8-1 多目标优化效果图

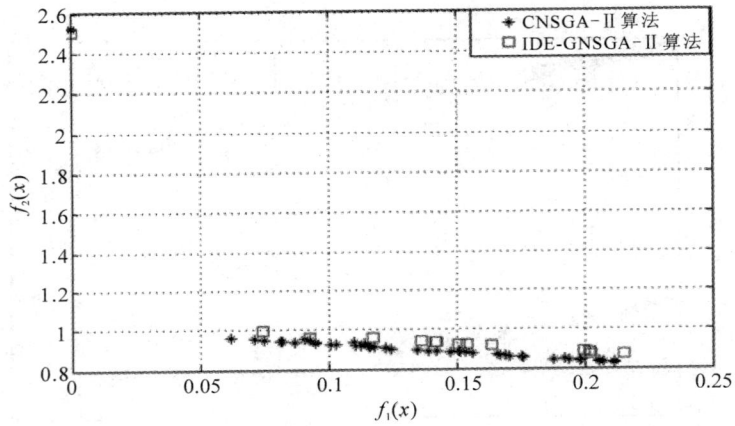

图 4-18　测试函数 CTP8-2 多目标优化效果图

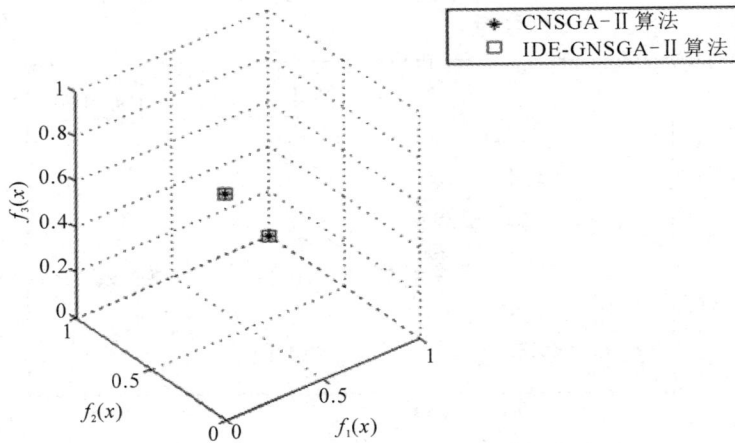

图 4-19　测试函数 DTLZ7 多目标优化效果图

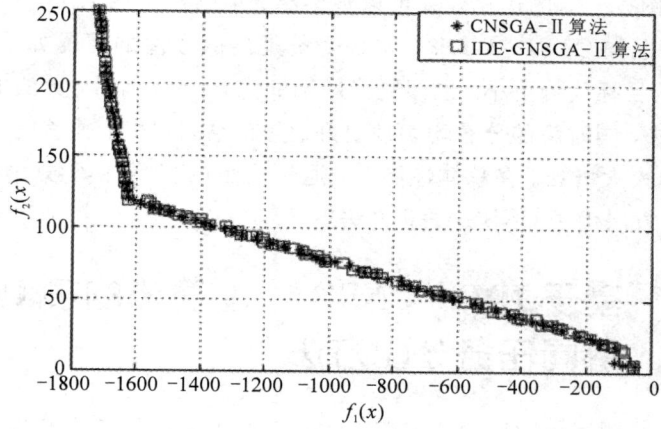

图 4-20　测试函数 OSY 多目标优化效果图

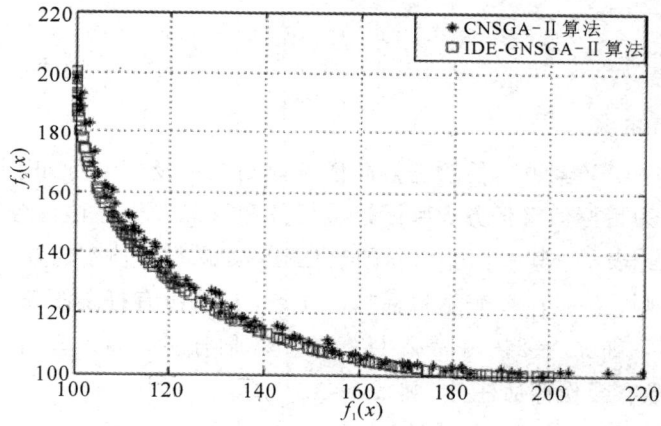

图 4-21　测试函数 REV 多目标优化效果图

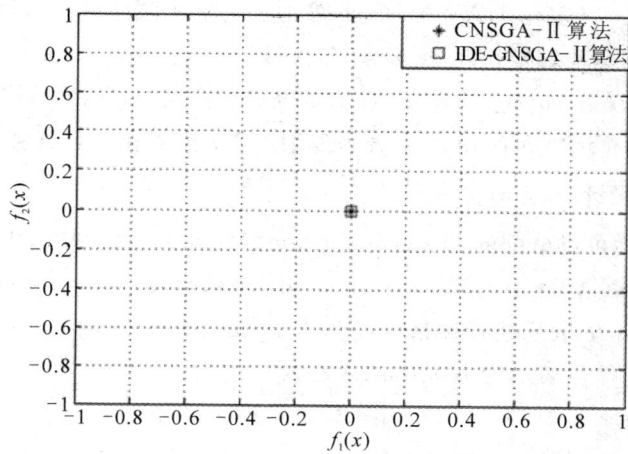

图 4-22　测试函数 TNK 多目标优化效果图

从图 4 - 10～图 4 - 22 的优化效果可以观察出，本书提出的 IDE - CNSGA - Ⅱ算法无论变量是连续的情况如 CTP1～CTP8，还是变量是离散数值的情况如 DTLZ7，其优化效果得到的 Pareto 的目标代价更小，也即更接近于最优 Pareto 前沿，算法的收敛性优于常规的 CNSGA - Ⅱ算法，同时解的分布均匀性更好、分布空间更大、覆盖的范围更广，本书算法的边界搜索能力大大增强。在总体性能上，通过大量的多目标函数，其测试效果说明了 IDE - CNSGA - Ⅱ方法优于 CNSGA - Ⅱ方法。

4.4　基于 IDE - CNSGA - Ⅱ算法的多 UAV 协同任务分配方法

我们将通过大量测试函数检验的 IDE - CNSGA - Ⅱ算法用于本节的多 UAV 集群可控攻击协同任务分配当中。下面分别从编码设计、目标函数和约束条件、进化操作几个方面进行阐述。

4.4.1　编码设计

1. 目标任务描述

根据第 3 章多 UAV 集群可控攻击协同任务规划描述及模型可知，该类型的 UAV 共有三类任务，分别为目标侦察任务、目标打击任务和目标毁伤评估任务。因此，某目标的任务可用 $[x_1\ x_2\ x_3]$ 表示。其中：x_1 表示侦察任务，如果没有侦察任务，则 $x_1=0$，如果该目标有侦察任务，则 $x_1=1$；x_2 表示目标打击任务，如果没有打击任务，则 $x_2=0$，如果对该目标有打击任务，则 $x_2=2$；x_3 表示目标毁伤评估任务，如果没有毁伤评估任务，则 $x_3=0$，如果该目标有毁伤评估任务，则 $x_3=3$。

2. UAV 编号

将所有可供分配的 UAV 进行编号，编号方式采用四维向量：$Missile_i(i, basenum(i), Type, YorN)$。其中：$i$ 表示 UAV 的编号，按照 1～N 的顺序进行编号；$basenum(i)$ 表示第 i 架 UAV 所在的基地编号；$Type$ 表示该架 UAV 的类型，取值为 1 或 2，基本型用 1 表示，改进型用 2 表示；$YorN\_Mission$ 表示是否被安排执行任务，$YorN\_Mission=0$ 表示未被安排执行任务，$YorN\_Mission=1$ 表示该架 UAV 被安排执行任务。

3. 染色体编码设计

染色体的长度为可供分配的 UAV 数量 $Num\_Missile$，每个基因用三维列向量表示为 $gene_i(Target, Type\_Mission, Missile)$，$Target$ 表示目标序号，$Type\_Mission$ 表示该目标的任务类型，$Missile$ 表示执行该目标任务为 $Type\_Mission$ 的 UAV 序号，该序号与编号一致。因此，染色体可表示为 $Num\_Missile \times 3$ 的矩阵，例如：

$$Chrom = \begin{bmatrix} 1 & 1 & 2 & 2 & 2 & \cdots & N & N \\ 2 & 2 & 1 & 2 & 3 & \cdots & 2 & 2 \\ 5 & 3 & 8 & 7 & 5 & \cdots & 8 & 3 \end{bmatrix}$$

如上式所示，针对目标 1，分配 5 和 3 执行协同打击任务；针对目标 2，首先利用 8 执行侦察确认任务，然后 7 对其实施打击，最后 5 对其进行打击效果评估；针对目标 N，首先由 8 对其执行打击任务，然后由 3 对其执行打击效果评估任务。因此，针对目标 1、目标 2 和目标 N 的波次作战任务，其执行顺序是：首先 8 对 2 执行侦察确认任务，然后对目标 N 进行攻击，7 对 2 进行攻击，然后 5 和 3 分别对目标 2 和目标 N 执行打击效果评估任务，最后 5 和 3 对目标 1 实施协同打击，完成作战任务。

4.4.2　目标函数和约束条件

根据第 3 章的协同任务分配模型，优化目标包括三种，一是成本最小指标，二是飞行距离最短指标，三是目标价值收益最大指标，其具体计算方法分别见式（3 - 27）、式（3 - 31）和式（3 - 32）。对于预先任务分配，由于在初次分配时不考虑攻击时序和卫星通信能力约束，因此本章的分配主要考虑任务能力约束、发射营兵力约束、目标的毁伤程度约束、最大飞行航程约束、目标任务约束和攻击子目标的数目约束。对于目标的毁伤程度约束可转化为对目标实施攻击所要求的弹量，在本书中作为已知条件输入。时序约束和卫星通信能力约束在完成任务分配后统一进行协调。各类约束的数学描述见式（3 - 35）。

4.4.3　进化操作

协同任务分配 IDE - CNSGA - Ⅱ算法进化操作的主要步骤包括选择、交叉、变异和评价等，具体步骤见图 4 - 10 所示的 IDE - CNSGA - Ⅱ的形式化描述。其中选择、交叉和变异操作的说明如下。

1. 选择操作

在进行选择操作时，首先选取非支配序号小的个体，对于非支配序号相同的个体，优先选择拥挤距离较大的个体，以保证解的均匀分布。

2. 交叉操作

给定两个父个体 Chrom_1$=[x_1\ x_2\ \cdots\ x_{N_B}]$和 Chrom_2$=[y_1\ y_2\ \cdots\ y_{N_B}]$，$N_B$ 为染色体的长度，随机生成一个 $1 \sim N_B$ 之间的整数 C，交换任务序列，得到 Chrom_1$'=[x_1\ x_2\ \cdots\ x_c\ y_{c+1}\ \cdots\ y_{N_B}]$和 Chrom_2$'=[y_1\ y_2\ \cdots\ y_c\ x_{c+1}\ \cdots\ x_{N_B}]$。

3. 变异操作

变异利于进化算法跳出搜索空间中的固定位置，实现种群的多样性。在采用差分变异方法产生 αN 个体时，其变异方法如图 4 - 6 或图 4 - 9 所示。在用常规遗传算法产生$(1-\alpha)N$个新个体时，采用随机点变异方法，随机选择 M 个点，进行单点变异。本书为了提高变异的成功率，在完成变异操作后，根据新个体值，按照多种基本约束条件进行检查，找到引起不可行解的错误基因位，然后对其进行变异操作，直到获得可行解。具体多种基本约束条件如下：

（1）任务能力约束。任务能力约束主要有基本型和改进型两种。基本型只能执行攻击任务，不具备侦察确认任务能力和毁伤评估任务能力，并且基本型只具备一次攻击能力。改进型只有一次攻击能力，并且最后执行的一定是攻击任务，攻击之前执行的是侦察确认任务、毁伤评估任务或者不执行其他任何任务。

（2）攻击子目标的数目约束。攻击一个子目标的编队的数目应不超过给定的阈值。

（3）最大飞行航程约束。对 UAV 的任务分配结果，相应的总航程不应超过最大飞行航程。

4.5　协同任务分配试验结果与比较

4.5.1　试验条件及假设

假设某作战任务为：我方 6 个发射区域配备有各种不同类型的 UAV，对敌方的 10 个重要目标进行攻击，其中部分目标首先需要进行侦察确认，部分目标需要进行直接打击，部分目标需要执行打击效果侦察任务。与作战相关的目标区域的状态数据和任务数据如表 4-4 所示。其中目标任务序列表示对某目标的任务执行顺序，1 表示侦察确认任务，2 表示攻击任务，3 表示毁伤评估任务，需要的数量为毁伤该目标所需要的数量（达到约束条件中的最低毁伤阈值）。

表 4-4　作战目标区域的相关信息表

目标序号	目标 T1	目标 T2	目标 T3	目标 T4	目标 T5
目标坐标（单位：km）	(700, 645)	(750, 588)	(785, 411)	(810, 343)	(865, 168)
目标任务序列	(0 2 0)	(1 2 3)	(0 2 0)	(1 2 3)	(1 2 3)
需要的数量	3	2	4	1	1
目标价值	65	80	90	85	100
目标序号	目标 T6	目标 T7	目标 T8	目标 T9	目标 T10
目标坐标（单位：km）	(939, 241)	(979, 370)	(825, 283)	(911, 295)	(850, 430)
目标任务序列	(0 2 0)	(0 2 3)	(0 2 3)	(1 2 0)	(0 2 0)
需要的数量	2	3	2	1	3
目标价值	95	70	70	75	60

假设 UAV 最大飞行速度 $maxv = 0.72$ Ma，最小飞行速度 $minv = 0.60$ Ma，基本型的成本 Cost1 = 100，改进型的成本 Cost2 = 185。与作战相关的发射区域的状态数据如表 4-5 所示，表中给出了发射区序号及相应的坐标、配备的类型及相应的数量。

表 4 - 5　各发射区域相关数据

发射区序号		发射区 S1	发射区 S2	发射区 S3
发射区坐标(单位：km)		(146，637)	(133，560)	(150，200)
类型	常规型数量	4	3	8
	改进型数量	2	1	2
发射区序号		发射区 S4	发射区 S5	发射区 S6
发射区坐标(单位：km)		(200，370)	(300，250)	(133，700)
类型	常规型数量	5	9	4
	改进型数量	2	1	2

本书在计算目标收益最大指标时，需要用到目标的价值、目标毁伤概率和 UAV 的生存概率。目标价值用 0～100 之间的整数表示，数值越大表明价值越大。目标的毁伤概率通常与类型、战斗部类型、目标类型和防御能力有关，目标的生存概率则与 UAV 类型、飞行区域地理环境、战场环境、敌方防空水平和飞行距离有关。为了方便计算，本书假设毁伤概率仅与类型和目标的防御能力（与目标价值成正比）有关，生存概率仅与航迹长短和 UAV 类型相关，其计算方法如下：

$$p_D = \begin{cases} k_1 \cdot \left(1 + \dfrac{\lambda_D}{1 + V_T/V_{max}}\right) \\ k_2 \cdot \left(1 + \dfrac{\lambda_D}{1 + V_T/V_{max}}\right) \end{cases}, \quad p_S = \begin{cases} s_1 \cdot \left(1 + \dfrac{\lambda_S}{1 + L/L_{max}}\right) \\ s_2 \cdot \left(1 + \dfrac{\lambda_S}{1 + L/L_{max}}\right) \end{cases} \quad (4-12)$$

式中：k_1 表示基本型毁伤系数；k_2 表示改进型毁伤系数；λ_D 表示毁伤概率计算调节系数；V_T 为目标的价值；V_{max} 表示目标的最大价值，$V_{max} = 100$；s_1 表示基本型生存系数；s_2 表示改进型生存系数；λ_S 表示生存概率计算调节系数；L 表示航迹长度；L_{max} 表示最大航迹长度，$L_{max} = 1200$ km。本书设置 $k_1 = 0.83$，$k_2 = 0.9$，$\lambda_D = 0.1$，$s_1 = 0.80$，$s_2 = 0.85$，$\lambda_S = 0.15$。

与 IDE - CNSGA - Ⅱ 算法相关的参数设置如表 4 - 6 所示。

表 4 - 6　算法的参数设置

群体规模	差分进化比率	交叉概率	变异概率	进化代数
N	α	p_c	p_m	MaxGen
100	40%	0.4	0.4	300

仿真条件如下：

CPU：Intel (R) Core(TM) i5 M430。

主频：1.18～2.27 GHz。

内存：1.92 GB。

操作系统：Microsoft Windows XP Professional。

表 4 - 7 和表 4 - 8 给出了与任务分配相关的一些数据列表。其中表 4 - 7 为根据目标价值和类型计算的目标毁伤概率和生存概率数据表，该数据为计算目标综合毁伤收益提供依据。表 4 - 8 给出了各发射点到目标点及各目标点之间的航迹代价值列表，该数据为计算航程代价值提供依据。

表 4-7　目标毁伤概率和生存概率数据表

目标		T1	T2	T3	T4	T5	T6	T7	T8	T9	T10
毁伤概率	常规型	0.8803	0.8761	0.8736	0.8748	0.8715	0.8725	0.8788	0.8788	0.8774	0.8818
	改进型	0.9545	0.95	0.9473	0.9486	0.945	0.94615	0.9529	0.9529	0.9514	0.9562
生存概率	常规型 S1	0.882	0.8797	0.8766	0.8747	0.8699	0.869	0.8694	0.8732	0.8706	0.8744
	S2	0.8812	0.8792	0.87705	0.8753	0.8709	0.8696	0.8696	0.874	0.8712	0.8746
	S3	0.8754	0.8752	0.87704	0.8767	0.8751	0.8723	0.8703	0.8765	0.8732	0.8743
	S4	0.8813	0.8803	0.8806	0.8795	0.8759	0.8738	0.8727	0.8786	0.8751	0.8777
	S5	0.8817	0.8816	0.8841	0.8837	0.8813	0.8783	0.8762	0.8834	0.8794	0.8809
	S6	0.8813	0.8788	0.8752	0.8732	0.8684	0.8676	0.8683	0.8717	0.8693	0.8732
	改进型 S1	0.9372	0.9347	0.9314	0.9294	0.9243	0.9233	0.9237	0.9278	0.925	0.9291
	S2	0.9362	0.9341	0.9318	0.93	0.9253	0.924	0.924	0.9286	0.9256	0.9293
	S3	0.9302	0.9299	0.9318	0.9315	0.9298	0.9268	0.9247	0.9313	0.9277	0.9289
	S4	0.9364	0.9353	0.9356	0.9345	0.9307	0.9284	0.9273	0.9335	0.9298	0.9325
	S5	0.9368	0.9367	0.9394	0.939	0.9307	0.9331	0.9309	0.9386	0.9344	0.936
	S6	0.9364	0.9337	0.9299	0.9278	0.9307	0.9219	0.9225	0.9261	0.9236	0.9278

表 4-8　各发射点点到目标点及各目标点之间的航迹代价值列表

km

	S1	S2	S3	S4	S5	S6	T1	T2	T3	T4	T5	T6	T7	T8	T9	T10
S1	0	0	0	0	0	0	554.05	605.98	677.78	726.17	858.44	886.37	874.74	765.73	837.96	733.80
S2	0	0	0	0	0	0	573.33	617.63	668.80	710.92	830.35	866.83	867.07	745.38	821.89	728.68
S3	0	0	0	0	0	0	707.47	714.52	669.13	675.31	715.75	790.06	846.25	680.08	766.90	736.81
S4	0	0	0	0	0	0	570.63	591.62	586.43	610.59	695.00	750.17	779	631.02	714.94	652.76
S5	0	0	0	0	0	0	562.16	562.80	511.02	518.41	570.91	639.06	689.52	526.03	612.65	578.70
S6	0	0	0	0	0	0	569.66	627.08	713.17	765.36	904.90	927.53	908.08	807.93	877.10	766.15
T1	554.05	573.33	707.47	570.63	562.16	569.66	0	75.82	248.95	321.40	504.73	469.40	391.74	382.97	408.68	262.15
T2	605.98	617.63	714.52	591.62	562.80	627.08	75.822	0	180.42	252.24	435.45	395.13	316.17	314.08	334.32	186.98
T3	677.78	668.80	669.13	586.43	511.02	713.17	248.95	180.42	0	72.449	255.83	229.38	198.28	134.10	171.26	67.720
T4	726.17	710.92	675.31	610.59	518.41	765.36	321.4	252.24	72.449	0	183.43	164.45	171.14	61.846	111.82	95.754
T5	858.44	830.35	715.71	695.00	570.91	904.90	504.73	435.45	255.83	183.43	0	103.94	231.94	121.75	135.07	262.42
T6	886.37	866.83	790.06	750.17	639.06	927.53	469.40	395.13	229.38	164.45	103.94	0	135.05	121.49	60.827	208.90
T7	874.74	867.07	846.25	779	689.52	908.08	391.74	316.17	198.28	171.14	231.94	135.05	0	176.87	101.23	142.27
T8	765.73	745.38	680.08	631.02	526.03	807.93	382.97	314.08	134.10	61.846	121.75	121.49	176.87	0	86.833	149.11
T9	837.96	821.89	766.90	714.94	612.65	877.10	408.68	334.32	171.26	111.82	135.07	60.827	101.23	86.833	0	148.14
T10	733.80	728.68	736.81	652.76	578.70	766.15	262.15	186.98	67.720	95.754	262.42	208.90	142.27	149.11	148.14	0

4.5.2　仿真结果

根据上述仿真实验条件和编码设计方法，我方兵力的编号结果如表 4-9 所示，具体包括编号、与该编号对应的基地编号以及相应的类型。根据染色体的编码设计结果，染色体的初始化结果如表 4-10 所示，第一行是目标编号，第二行是目标的任务类型，第三行是完成该目标的某任务类型的编号。

表 4-9　我方兵力编号结果

编号	1	2	3	4	5	6	7	8	9	10	11	12	13	14	15
基地编号	1	1	1	1	1	1	2	2	2	2	3	3	3	3	3
类型	1	1	1	1	2	2	1	1	1	2	1	1	1	1	1
编号	16	17	18	19	20	21	22	23	24	25	26	27	28	29	30
基地编号	3	3	3	3	3	4	4	4	4	4	4	4	5	5	5
类型	1	1	1	2	2	1	1	1	1	2	2	2	1	1	1
编号	31	32	33	34	35	36	37	38	39	40	41	42	43		
基地编号	5	5	5	5	5	5	5	6	6	6	6	6	6		
类型	1	1	1	1	1	1	2	1	1	1	1	2	2		

表 4-10　染色体初始化结果

目标编号	1	1	1	2	2	2	2	3	3	3	3
任务类型	2	2	2	1	2	2	3	2	2	2	2
编号	40	23	30	6	42	14	20	21	29	5	27
目标编号	4	4	4	5	5	5	6	6	7	7	7
任务类型	1	2	3	1	2	3	2	2	2	2	2
编号	6	33	42	42	34	20	43	6	35	36	20
目标编号	7	8	8	8	9	9	10	10	10		
任务类型	3	2	2	3	1	2	2	2	2		
编号	43	11	13	5	27	25	37	17	16		

根据仿真实验条件及相关假设，按照 IDE-CNSGA-Ⅱ 的进化步骤，经过 300 代进化后，得到的种群进化效果如图 4-23 所示，其中"＊"表示种群中所有个体的目标函数分布，"□"表示种群中非劣解的个体目标函数分布。

表 4-11 给出了进化代数 300 代后的种群中非劣解所对应的目标函数值，其中非劣解的个数为 39。

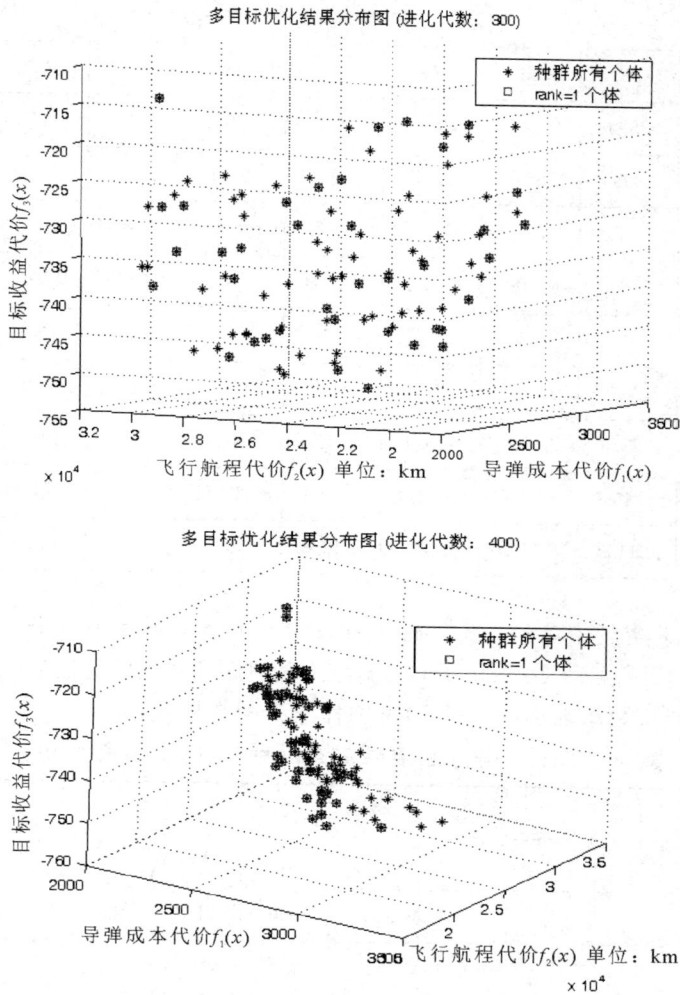

图 4-23　多目标优化 Pareto 前沿分布图

表 4-11　Pareto 前沿(非劣解)个体的多目标函数值(进化代数 300)

个体编号	1	2	3	4	5	6	7	8	9	10
成本	2185	2880	2610	2440	2780	2510	2525	2340	2625	2355
航程代价	29995	22704	21232	24806	20360	22801	29055	30144	24184	24704
目标收益	−714.5	−745	−719.97	−741.42	−734.79	−737.28	−748.83	−734.98	−752.18	−725.4
拥挤距离	Inf	0.2153	0.2480	0.1050	0.1622	0.1600	0.1724	0.1484	Inf	0.098
个体编号	11	12	13	14	15	16	17	18	19	20
成本	2610	2965	2425	2255	2710	2610	2440	2340	2880	2795
航程代价	25283	23111	28056	30260	20176	24486	22842	25435	23790	19354
目标收益	−749.96	−747.45	−734.26	−728.84	−730.93	−738.52	−717.32	−730.41	−747.2	−726.0
拥挤距离	0.1342	0.2380	0.2619	0.1117	0.1483	0.0375	0.1198	0.1838	0.1843	Inf

个体编号	21	22	23	24	25	26	27	28	29	30
成本	2595	2695	2255	2695	2355	2255	2610	2795	2455	2510
航程代价	28464	20696	25414	21959	23816	29421	24500	21237	21826	24914
目标收益	−746.93	−717.24	−727.29	−744.14	−724.1	−728.5	−738.61	−740.41	−716.36	−742.9
拥挤距离	0.1941	0.1943	0.0788	0.1499	0.1534	0.2353	0.0546	0.1958	0.2025	0.115
个体编号	31	32	33	34	35	36	37	38	39	
成本	2425	2710	2355	2525	2225	2965	2425	2510	2525	
航程代价	28329	23876	28456	21514	30400	19944	23791	27547	27106	
目标收益	−738.28	−744.86	−734.75	−735.37	−739.11	−730.82	−730.39	−746.04	−744.9	
拥挤距离	0.0691	0.1432	0.1159	0.1144	0.1238	Inf	0.0632	0.1564	0.2847	

在上述 39 个非劣解中,本书根据拥挤距离的大小给出了其中几个典型非劣解的任务分配结果。表 4-12～表 4-15 给出了非劣解集中拥挤距离最大解的任务分配结果,表 4-16 给出了非劣解中拥挤距离最小(0.03757)解的任务分配结果表。

表 4-12　任务分配结果 1(rank＝1,拥挤距离＝inf)

目标序号	1	1	1	2	2	2	2	3	3	3	3
任务类型	2	2	2	1	2	2	3	2	2	2	2
编号	28	19	30	42	13	19	42	38	16	3	21
发射基地	5	3	5	6	3	3	6	6	3	1	4
类型	1	2	1	2	1	2	2	1	1	1	1
目标序号	4	4	4	5	5	5	6	6	7	7	7
任务类型	1	2	3	1	2	3	2	2	2	2	2
编号	37	41	42	42	1	37	23	36	9	8	18
发射基地	5	6	6	6	1	5	4	5	2	2	3
类型	2	1	2	2	1	2	1	1	1	1	1
目标序号	7	8	8	8	9	9	9	10	10	10	
任务类型	3	2	2	3	1	2	2	2	2		
编号	6	22	25	19	19	39	40	15	17		
发射基地	1	4	4	3	3	6	6	3	3		
类型	2	1	1	2	2	1	1	1	1		

表 4-13 任务分配结果 2(rank=1,拥挤距离=inf)

目标序号	1	1	1	2	2	2	2	3	3	3	3
任务类型	2	2	2	1	2	2	3	2	2	2	2
编号	41	38	14	10	21	31	26	23	8	39	30
发射基地	6	6	3	2	4	5	4	4	2	6	5
类型	1	1	1	2	1	1	2	1	1	1	1
目标序号	4	4	4	5	5	5	6	6	7	7	7
任务类型	1	2	3	1	2	3	2	2	2	2	2
编号	43	6	5	19	37	26	7	18	22	26	11
发射基地	6	1	1	3	5	4	2	3	4	4	3
类型	2	2	2	2	2	2	1	1	1	2	1
目标序号	7	8	8	8	9	9	10	10	10		
任务类型	3	2	2	3	1	2	2	2	2		
编号	6	34	28	5	10	5	16	43	35		
发射基地	1	5	5	1	2	1	3	6	5		
类型	2	1	1	2	2	1	1	2	1		

表 4-14 任务分配结果 3(rank=1,拥挤距离=inf)

目标序号	1	1	1	2	2	2	2	3	3	3	3
任务类型	2	2	2	1	2	2	3	2	2	2	2
编号	42	10	36	43	30	35	5	37	28	34	20
发射基地	6	2	5	6	5	5	1	5	5	5	3
类型	2	2	1	2	1	1	2	2	1	1	2
目标序号	4	4	4	5	5	5	6	6	7	7	7
任务类型	1	2	3	1	2	3	2	2	2	2	2
编号	6	23	5	6	29	37	14	24	27	15	33
发射基地	1	4	1	1	5	5	3	4	4	3	5
类型	2	1	2	2	1	2	1	2	1	1	
目标序号	7	8	8	8	9	9	10	10	10		
任务类型	3	2	2	3	1	2	2	2	2		
编号	10	43	31	37	43	26	22	18	21		
发射基地	2	6	5	5	6	4	4	3	4		
类型	2	2	1	2	2	1	1	1	1		

表 4 - 15　任务分配结果 4(rank＝1，拥挤距离＝inf)

目标序号	1	1	1	2	2	2	2	3	3	3	3
任务类型	2	2	2	1	2	2	3	2	2	2	2
编号	42	26	40	5	34	10	20	6	35	28	13
发射基地	6	4	6	1	5	2	3	1	5	5	3
类型	2	2	1	2	1	2	2	2	1	1	1
目标序号	4	4	4	5	5	5	6	6	7	7	7
任务类型	1	2	3	1	2	3	2	2	2	2	2
编号	5	29	10	43	24	42	37	43	23	19	5
发射基地	1	5	2	6	4	6	5	6	4	3	1
类型	2	1	2	2	1	2	2	2	1	2	2
目标序号	7	8	8	8	9	9	10	10	10		
任务类型	3	2	2	3	1	2	2	2	2		
编号	43	31	16	26	6	20	32	15	25		
发射基地	6	5	3	4	1	3	5	3	4		
类型	2	1	1	2	2	2	1	1	1		

表 4 - 16　任务分配结果 4(rank＝1，拥挤距离＝0.03757)

目标序号	1	1	1	2	2	2	2	3	3	3	3
任务类型	2	2	2	1	2	2	3	2	2	2	2
编号	15	5	27	10	18	23	19	5	40	35	11
发射基地	3	1	4	2	3	4	3	1	6	5	3
类型	1	2	2	2	1	2	2	2	1	1	1
目标序号	4	4	4	5	5	5	6	6	7	7	7
任务类型	1	2	3	1	2	3	2	2	2	2	2
编号	37	20	27	5	37	43	41	32	24	43	30
发射基地	5	3	4	1	5	6	6	5	4	6	5
类型	2	2	2	2	2	2	1	1	1	2	1
目标序号	7	8	8	8	9	9	10	10	10		
任务类型	3	2	2	3	1	2	2	2	2		
编号	42	16	19	20	5	25	8	29	22		
发射基地	6	3	3	3	1	4	2	5	4		
类型	2	1	2	2	2	1	1	1	1		

表 4-17 给出了上述五个典型的非劣解（任务分配结果）所对应的数量和相应的目标函数值（成本代价、航程代价和目标综合效益）。

表 4-17　典型的 Pareto 前沿个体对应的目标函数值

种群中个体序号	1	9	20	36	16
数量	24	24	24	22	23
成本代价	2185	2880	2610	2780	2510
航程代价	29995.8	22704.6	21232.9	20360	22801.7
目标综合收益	−714.51	−745	−719.97	−734.79	−737.28
拥挤距离	Inf	Inf	Inf	Inf	0.03757

表 4-18 为进化代数与非劣解个数和计算耗时之间的关系表。

表 4-18　进化代数与非劣解个数和计算耗时之间的关系表

进化代数	非劣解个数	计算耗时/s
MaxGen＝50	32	18.9234
MaxGen＝100	39	35.1440
MaxGen＝200	48	69.1703
MaxGen＝300	56	100.2186
MaxGen＝400	66	151.6362

4.5.3　仿真结果分析

4.5.2 节通过一系列的仿真给出了基于 IDE-CNSGA-Ⅱ算法的协同任务分配效果图表。从仿真结果可以得出以下结论：

（1）Pareto 前沿在目标空间中沿着某一切面分布，且在该切面上非劣解的元素分布均匀，如图 4-23 所示。

（2）表 4-12～表 4-16 给出了几个典型的非劣解所对应的任务分配结果，由这些分配结果可见，任务分配结果都能够满足多 UAV 集群协同任务分配的各种基本约束，任务分配结果都是可行解。

（3）随着进化代数的增加，种群中产生了更多的非劣解，种群中的个体更多地接近 Pareto 前沿。

（4）本书的多目标优化方法产生了更多的可行解，为目标任务分配选择及后续的时序约束和通信能力约束条件下的冲突消解与协调提供给了更多的可能。

（5）规划时间都在分钟级别，可满足多 UAV 集群可控攻击预先协同任务分配的需要。

综上所述，本书提出的多目标优化 IDE - CNSGA - Ⅱ 算法能够较好地解决协同任务分配问题。该方法将成本指标、航程指标和目标收益指标视为相互分离的指标，在搜索过程中不需要引入偏好等主观性指标，同时生成多个非劣解，更有利于决策者做出正确决策。本书的方法为此类问题的解决提供了一种新思路。

4.6　多 UAV 集群可控攻击在线协同任务重分配方法

多 UAV 集群可控攻击针对各种突现任务（突现威胁、突现目标、时敏目标等），需要对飞行中的编队进行任务在线调整，因此就需要研究在线协同任务重分配方法。本书对 UAV 在动态战场环境下出现的突现任务进行了分析，详细描述了突现任务的执行过程，首先确定可进行任务重分配的候选集合，然后确定重瞄，给出了突现威胁下的任务重分配方法和突现目标下的任务重分配方法，并进行相关任务的协调，最后通过仿真算例说明了在线协同任务重分配方法的可行性。

4.6.1　突现任务分类

多 UAV 集群可控攻击在飞行过程中可能出现许多在发射前不可预知的事件，一般情况下主要有以下两大类。

1. 需要改变攻击目标的突现任务

这类突现任务主要包括突现高价值目标、突现时间敏感性目标等。为了叙述方便，将此类任务简称为突现目标打击。

2. 无须改变攻击目标的突现任务

这类突现任务主要有以下三类：

（1）突现高威胁区、禁飞区、恶劣气候影响区、匹配区等不可行，导致需要局部改变航迹的任务。为了叙述方便，将此类任务简称为突现威胁规避。

（2）具有时间要求的突现任务。此类突现任务是指根据战场态势需临时改变攻击目标时间的突现任务，主要包括提前攻击目标和延迟攻击目标两种模式。为了叙述方便，将此类任务简称为攻击时间变更作战任务。

（3）对其他目标进行侦查/毁伤评估任务。为了叙述方便，将此类任务简称为突现目标侦察。

综合上述分析，对飞行中的 UAV 来说，突现任务包括突现威胁规避、突现目标打击、攻击时间变更和突现目标侦察四类突现任务，同一架 UAV 可以在一次飞行过程中执行上述一种或多种类型的突现任务，但是必须满足在同一次作战任务中航迹变更次数的限制。

4.6.2　突现任务执行过程

通过多 UAV 集群可控攻击典型作战样式可知，接到上述突现任务后，首先必须判定飞行中的 UAV 能否完成任务并决定派遣哪个 UAV 执行任务，其具体任务执行过程如图4 - 24 所示。

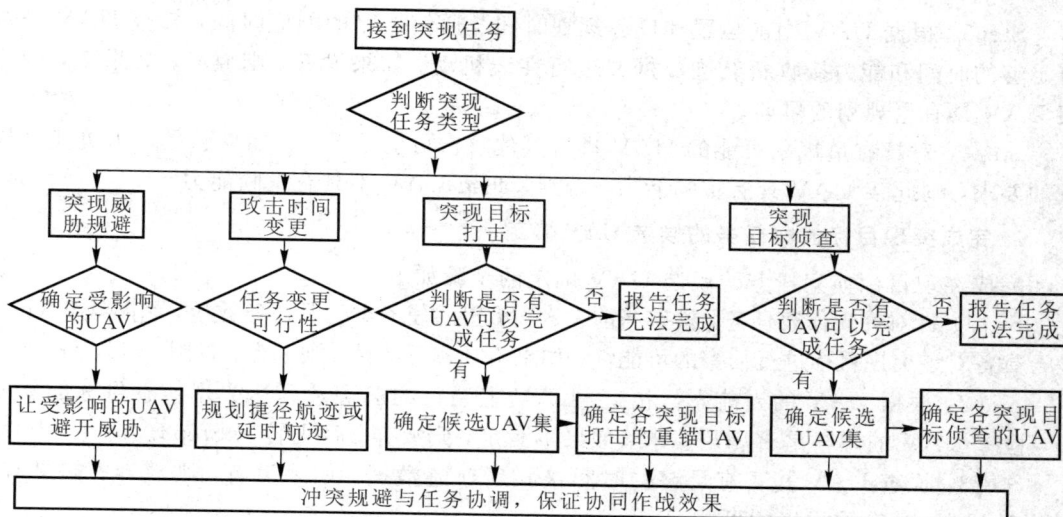

图 4-24　突现任务执行过程流程图

从突现任务执行过程分析可知，首先判断突现任务类型，当任务类型为突现威胁时，根据威胁信息等确定受影响的 UAV，然后利用事先建好的突现威胁任务执行模块执行任务；当任务类型为攻击时间变更时，首先判断是否有能够完成攻击时间变更任务的 UAV，然后通过捷径航迹或延时航迹实现；当出现突现目标打击任务时，首先判断是否有能够完成该任务的 UAV，确定各突现任务下的候选集合，然后从候选的集合中确定最佳的重瞄（即更改打击目标）；当出现突现目标侦察任务时，首先判断是否有能够完成突现目标侦察任务的 UAV，确定能够完成突现目标侦察任务的候选集合，然后从候选集合中确定最佳的 UAV。

4.6.3　候选 UAV 确定方法

由于威胁规避类和攻击时间变更两类突现任务作战模式单一，攻击目标不需改变，不需要进行在线任务重分配。针对威胁规避类突现任务，只要受到威胁的 UAV 改变局部航迹，避开威胁区域即可；针对攻击时间变更突现任务，只需要相应的 UAV 对航迹长度做出相应的调整，两类任务的具体航迹调整方法在第 8 章即时协同航迹重规划部分有详细描述。针对突现目标打击任务和突现目标侦察任务，首先完成任务可能性重检查，确定能够完成相应任务的候选 UAV 集合，然后从候选 UAV 集合中确定最佳的执行任务及数量。

1. 完成突现目标打击任务的候选 UAV 确定

UAV 在飞行过程中，如果要改变攻击目标或飞行航迹，就要考虑是否有能力改变攻击目标，因此可通过对飞行中的 UAV 进行攻击可能性重检查从而实现候选 UAV 的确定，具体操作步骤如下：

Step1：如果是突现目标，则检查当前目标与新目标的优先级、载荷类型的匹配性。如果当前目标的优先级高或载荷类型不匹配，则表明该架 UAV 不适合更改打击目标；否则转入 Step2。如果是突现威胁，则直接转入 Step2。

Step2：根据默认航迹与突现目标的位置，检查 UAV 的燃料是否满足要求。如果不满足，则放弃；否则转入 Step3。

Step3：根据 UAV 当前位置和任务规划时间及通信链路的响应时间，检查 UAV 是否有足够的时间和能力接收新航迹数据并进行在线机动。如果没有，则放弃；如果有，则此架 UAV 具有重规划的可能。

Step4：对具有重规划可能的 UAV 进行其他攻击可能性检查。如果满足攻击可能性检查的要求，则此架 UAV 具有重瞄能力；否则，此架 UAV 不具有重瞄能力。

2. 完成突现目标侦察任务的候选 UAV 确定

完成突现目标侦察任务的候选 UAV 确定的步骤如下：

Step1：针对突现侦察任务，检查当前 UAV 承担的任务类型及任务数量，判断该架 UAV 是否具备对该突现目标进行侦察的可能性。如果不具备可能性，则放弃；否则，转入 Step2。

Step2：根据 UAV 的当前飞行状态、UAV 上装订的航迹及到达突现侦察目标的新航迹，检查 UAV 的燃料是否满足要求。如果不满足，则放弃；否则转入 Step3。

Step3：检查 UAV 是否有足够的时间接收新航迹数据。如果没有，则放弃；如果有，则此架 UAV 具有重规划的可能。

Step4：对具有重规划可能的 UAV 进行其他任务变更可能性检查。如果 UAV 满足可能性检查的要求，则将其标为候选 UAV；否则，此架 UAV 不具有完成任务的能力。

4.6.4　完成任务 UAV 的确定

在确定候选 UAV 集合后，紧接着必须决定分配哪个 UAV 执行突现任务。

1. 完成突现目标打击任务的 UAV 确定

图 4 - 25 描述了完成突现目标打击任务的确定的步骤。

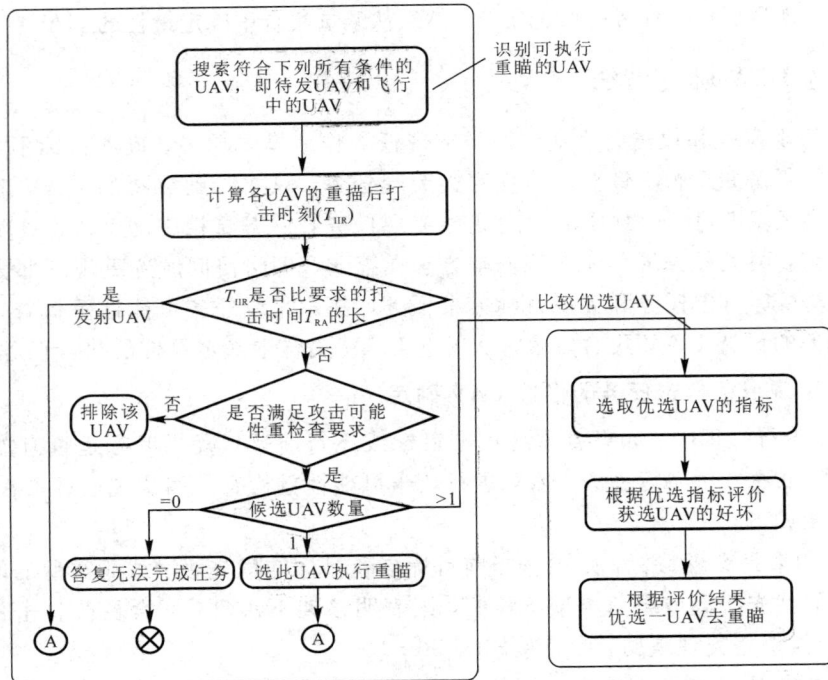

图 4 - 25　完成突现目标打击任务的 UAV 确定步骤

针对突现目标打击任务，从候选集合中选择 UAV 进行重新瞄准，需要考虑很多因素，主要包括候选 UAV 相对目标的距离、UAV 的剩余燃料、候选 UAV 分派的目标优先级、禁飞区/威胁区的位置等。基于图 4-25 所示的搜索和判断过程，首先判断新目标要求的打击时间是否比 UAV 的总飞行时间还多。如果是，则从待发射的 UAV 中选择一架 UAV 发射；否则进行重规划检查，筛选出候选 UAV。当其数量多于 1 个时，为了从候选 UAV 中优选，需考虑如下指标：

1）默认攻击目标的级别 DTR(Default Target Rand)

根据攻击目标总价值最大的原则，选择默认攻击目标级别越低的 UAV 去攻击突现目标，其攻击目标的总价值就越高，因此优先选择级别低的默认攻击 UAV。（如果没有特别说明，则攻击目标的级别按照目标价值高低排序即可得到，价值越高，目标的级别越高。）

2）航迹重规划容易度 PAD(Programming Easy Degree)

要使重新规划的航迹容易实现，就要求航迹规划者能够在短时间内规划出来，在此用 UAV 的当前位置与新目标的距离 S 来衡量，也即航迹规划的容易度 PAD＝S。S 越小表明 UAV 的优先权越高。

3）UAV 被选的优先权 P

可控的 UAV 一个最大特点就是发射后具有重瞄的能力，而随着飞行时间的增加，由于燃料等原因，其重瞄的机会就越少，而一个波次作战的 UAV 是有限的，因此从发挥 UAV 最大作战效能的角度出发，要尽量选用飞行时间长的 UAV，这样整个编队的重瞄能力就会提高，从而提高 UAV 编队的作战效能。其中，$P＝T_F$，T_F 为 UAV 目前的剩余飞行时间。由 P 的定义可知，P 越小表明 UAV 的优先权越高。当 $T_F \leqslant T_{min}$ 时，UAV 就不能再重瞄了，其中 T_{min} 为 UAV 具备重瞄能力所要求的飞行剩余时间最小值。

4）同一架 UAV 重瞄的次数 RAN(Re-Aim Number)

RAN 主要考虑 UAV 的可靠性，一般情况下 UAV 重瞄的次数越少，其可靠性越高，因此在重瞄 UAV 的选择过程中，要尽量减少重瞄 UAV 的次数，因此 RAN 越少越好。

最佳的候选 UAV 是上述每个指标达到最优，但这通常会导致冲突，因此对上述四个指标首先进行无量纲化，而后加权求和，得到综合比较值，利用该值对重瞄 UAV 进行排序。

首先对上述指标进行无量纲化处理，假设有 n 架重瞄候选 UAV，对应的指标集为 $G＝\{G_1, G_2, \cdots, G_m\}$，决策矩阵为 $\boldsymbol{X}＝(x_{ij})_{n \times m}$，其中一个行向量代表一架 UAV 的各个指标。这里 $m＝4$，则指标集为 $G＝\{G_1 \bigcup G_2 \bigcup G_3 \bigcup G_4\}$，无量纲化后的指标矩阵为 $\boldsymbol{Y}$。

$$y_{ij} = \frac{x_{ij} - y_j^{\min}}{y_j^{\max} - y_j^{\min}} \quad (i=1, 2, 3, 4 \quad j \in G_i) \qquad (4-13)$$

式中，$y_j^{\max}$、$y_j^{\min}$ 分别为指标 G_j 的最大值和最小值。

在完成对各分指标的无量纲化处理后，对上述指标进行加权求和，得到综合评价值。设 S_i 为 UAV i 的综合评价值，其值为

$$S_i = w_{dtr} \times DTR_i + w_{pad} \times PAD_i + w_p \times P_i + w_{ran} \times RAN_i \quad (i=1, 2, \cdots, n)$$

$$(4-14)$$

其中，w_{dtr}、w_{pad}、w_p、w_{ran} 分别为指标 1、2、3、4 对应的权重。S_i 值越小，被选的 UAV 优先权越高。在重瞄 UAV 的选优过程中，如果 S_i 相同，则按照指标 1、2、3、4 的顺序逐级选优。

如果是多个突现目标，则本书将采用逐次循环的分配方法，即根据突现目标优选级的高低，由高到低，按照单个突现目标下重瞄 UAV 的选择方法逐个挑选重瞄 UAV，其中要注意的是已被选为重瞄的 UAV，必须从重瞄 UAV 的集合中删除，而后再重新挑选重瞄 UAV，如此循环，直到所有的突现目标都分配到 UAV。如果候选 UAV 数小于突现目标数，则待将候选 UAV 分配完，任务分配相应结束。

2. 完成突现目标侦察任务的 UAV 确定

基于图 4 - 26 中的搜索和判断过程，首先判断被指派进行执行侦察任务的 UAV 的总飞行时间是否比对原来目标的打击时间长。如果是，则需要进行下一波次的任务规划，与本次在线协同任务重规划无关；否则，进行突现目标侦察任务可能性检查，筛选出候选 UAV。当其数量多于 1 个时，为了从中优选，选优考虑的指标与完成突现目标打击任务的 UAV 确定所用到的指标一致。

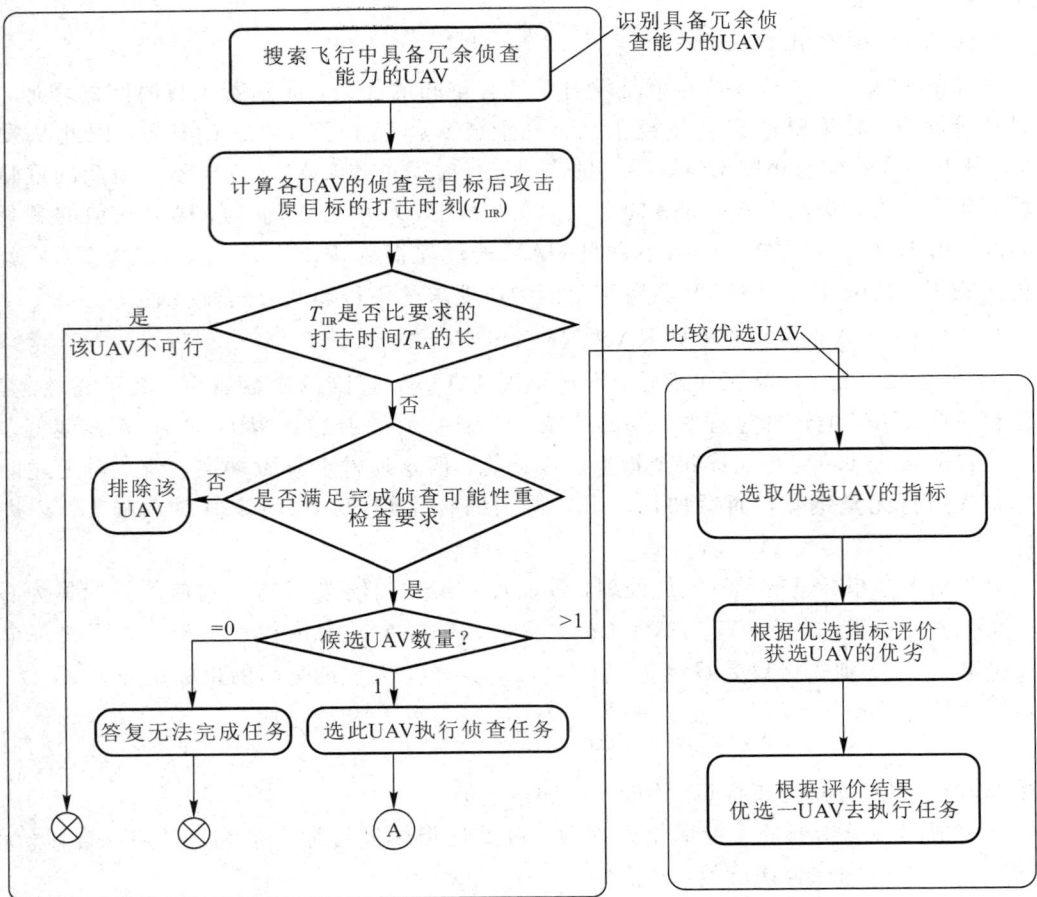

图 4 - 26　突现目标侦察任务决策时的 UAV 识别和选择流程

如果是多个突现目标侦察任务，则本书将采用逐次循环的分配方法，即根据突现威胁优选级的高低，由高到低，按照单个突现威胁下任务变更 UAV 的选择方法逐个选择完成突现目标侦察任务的 UAV，如此循环，直到所有的突现侦察任务都分配到 UAV。如果候选 UAV 数小于突现侦察任务数，则待将候选 UAV 分配完，任务分配相应结束。

4.6.5　任务协调

在实际的作战中，为了提高 UAV 在作战中的可靠性，应该尽量减少 UAV 编队中改变任务的 UAV 数量，即尽量不改变 UAV 默认的执行任务或减少改变 UAV 任务的次数，这也正是任务协调的主要目的。

通过上述分析可知，突现目标和突现威胁在实际的作战中是可能同时出现的。而当这两类任务同时出现，且通过上述任务重分配，最后都将两个任务分配到同一 UAV 上时，就要对这架 UAV 的执行任务进行协调，看其是否可以同时完成两项任务，以提高编队 UAV 作战的可靠性。如果能够规划出一条既能避开威胁，又能打击突现目标的新航迹，则任务分配结束；否则，UAV 执行避开威胁任务，而突现目标的打击任务则需要重新选择 UAV。其任务协调过程如图 4 - 27 所示。

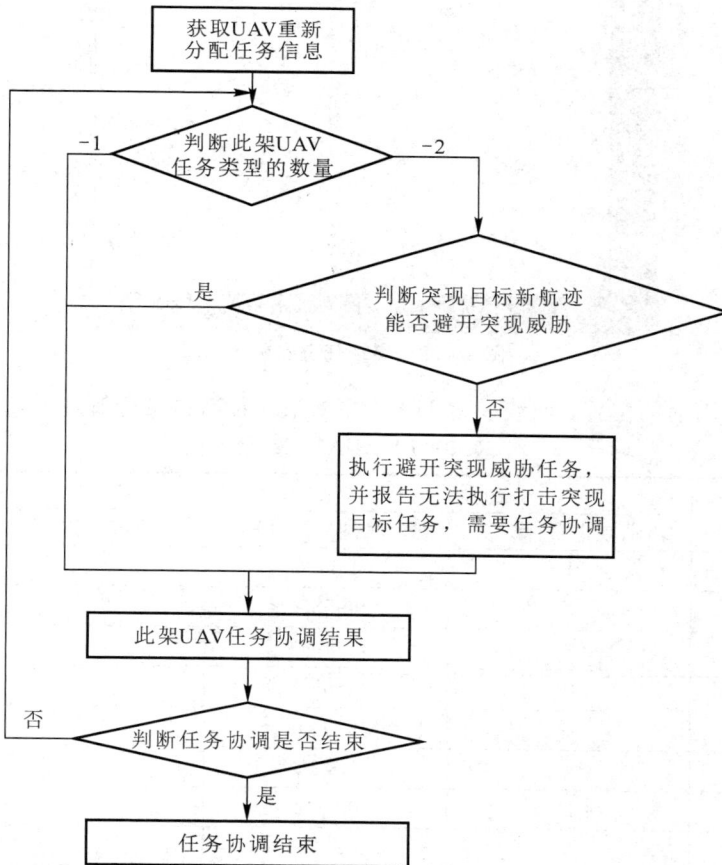

图 4 - 27　任务协调过程执行图

4.6.6　仿真计算

1. 参数假设

为不失一般性，我们借鉴美国战斧巡航的武器参数，现将仿真用的各种参数假设如下：

- 目标打击等级：4 级（4 级最高）；
- UAV 的飞行速度：0.7 Ma；
- UAV 的总飞行时间不大于 2 h；
- UAV 的重瞄次数不大于 3 次。

2. 任务想定

为打击某复杂目标，发射了 10 架 UAV，在 UAV 都未到达目标时，出现若干突现任务，其中突现威胁数量为 1 个，突现目标数量为 2 个，其态势分布如图 4-28 所示。在实际的仿真计算时，为不失一般性，UAV 目标及任务的各种参数通过正态分布的随机数来产生，其具体参数如表 4-19 和表 4-20 所示。

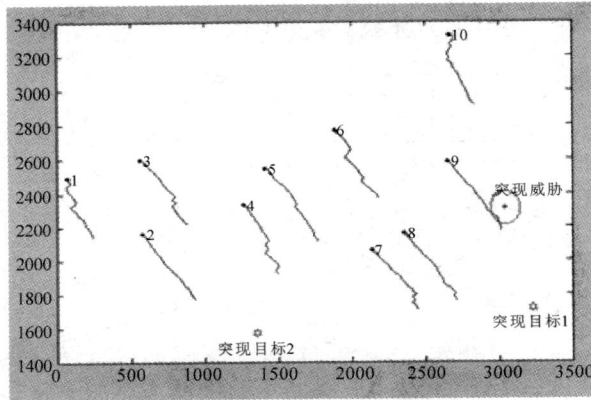

图 4-28　突现任务态势图

其中，黑点表示当前的位置，曲线表示 UAV 在未来 t 时刻的飞行航迹。

表 4-19　UAV 参数

指标	编号			
	默认攻击目标级别	剩余燃料飞行时间/h	重瞄次数	载荷类型
1	1	1.4495	2	1
2	1	0.95832	0	0
3	2	0.91543	1	1
4	2	0.83508	0	1
5	4	0.19359	0	0
6	4	1.3159	1	1
7	2	0.7414	1	1
8	4	0.93246	2	0
9	2	1.4617	1	0
10		1.3083	2	0

表 4 - 20　目 标 参 数

任　　务	信　　息			
	突现任务级别	需要载荷类型	威胁范围	位置坐标
突现目标 1	3	0	—	(3230.9，1720.2)
突现目标 2	3	1	—	(1356.5，1571.9)
突现威胁	4	—	45 km	(3044.8，2308.3)

3. 任务分配

通过攻击可能性重检查的方法，可得各突现任务的候选 UAV 集合，具体如表 4 - 21 所示。

表 4 - 21　候选 UAV 集合

任务	候选 UAV
	候选 UAV 集合
突现目标 1	{2，9，10}
突现目标 2	{1，3，4，7}
突现威胁	{9}

通过任务重分配方法，可得各候选 UAV 的指标值及重瞄 UAV，具体见表 4 - 22 和表 4 - 23。

表 4 - 22　目标 1 重瞄 UAC 选择参数值

评价值	任　　务			
	2	9	10	重瞄
突现目标 1	0.7000	0.2500	0.4485	9

表 4 - 23　目标 2 重瞄 UAV 选择参数值

评价值	任　　务				
	1	3	4	7	重瞄
突现目标 2	0.9000	0.6273	0.1132	0.2867	4

通过上述分析可知，由 UAV9 对突现目标 1 进行打击，由 UAV4 对突现目标 2 进行打击。通过态势图可知，对 UAV9 规划的新航迹能够避开突现威胁，因此在规划新航迹的同时，规划 UAV9 的最优航迹。

与传统的任务分配方法相比，本书从一个全新的角度完成了可控 UAV 的任务重分配任务。这种分配方法基于逻辑判断原理，利用各种子系统，通过简单的计算与判断，实现了任务的重分配；它所采用的模型简单、清晰，同时可以根据需求在方法设计的任何阶段对模型进行修改，对于快速任务分配方法的设计来说应该是一个很好的选择。当然，基于逻辑判断的任务分配方法最后得到的只是一个相对较好的分配方案，如果需要得到最优的分配方案，则还需结合相应的选优模型。

本 章 小 结

　　本章在第 3 章多 UAV 集群可控攻击协同任务分配模型的基础上,重点研究了该模型的详细求解方法。针对预先协同任务分配和在线协同任务分配的不同要求和特点,分别开展了模型求解方法研究和仿真验证。针对预先协同任务分配,首先归纳总结了多飞行器任务分配问题研究的现状和任务分配问题的基本求解方法;然后结合多约束条件下多目标优化问题的发展及模型,通过综合分析比较,设计了基于进化算法的约束多目标优化算法 CNSGA - Ⅱ 的任务分配方案,在深入研究该算法的基础上,提出了增强边界搜索的约束多目标混合进化算法 IDE - CNSGA - Ⅱ,通过大量的测试实例仿真,测试指标说明了该方法的有效性;最后将该求解方法应用于多 UAV 集群可控攻击的协同任务分配,仿真结果说明了该算法的可行性。针对多 UAV 集群可控攻击的在线任务调整,将突现任务总结为四类,然后分析了突现任务的执行过程,研究了完成突现任务的确定方法以及任务协调步骤,最后通过仿真说明了在线协调方法的可行性。本章的研究为多 UAV 集群可控攻击的协同任务分配问题提供了一种解决方案。

第 5 章　多 UAV 集群可控攻击协同航迹规划模型

航迹规划是 UAV 任务规划的核心。航迹规划模型是航迹规划的基础，模型的优劣直接决定了航迹规划效果好坏。由于多 UAV 集群可控攻击是一种新型作战模式，比常规攻击固定静止目标的远程陆基具有更多的作战灵活性，对航迹规划的实时性和协同性具有更高的要求。由于目前的航迹规划模型不能直接应用，因此急需研究多 UAV 集群可控攻击的协同航迹规划模型，为此类具有协同作战要求的飞行器提供航迹规划模型基础。

本章以多 UAV 集群可控攻击作战模式和飞行性能为基础，借鉴无人攻击机、无人侦察机、基本型 UAV 等无人低空飞行器的航迹规划模型，建立多 UAV 集群可控攻击的协同航迹规划模型，为下一步规划算法研究提供基础。本章首先介绍 UAV 航迹规划的基本概念，提出 UAV 航迹规划需要考虑的基本问题，给出多 UAV 集群可控攻击协同航迹规划的问题描述，然后建立协同航迹规划的基本模型，具体包括规划环境的数学描述、飞行航迹的表示、飞行航迹约束条件、威胁模型、航迹评价及代价函数总体代价指标，最后给出多 UAV 集群可控攻击协同航迹规划的数学表达。

5.1　飞行器航迹规划基本概念

5.1.1　航迹规划定义

1. 从任务角度解释

定义 5.1　航迹规划是指在给定的规划空间内，综合考虑飞行器到达时间、油耗、威胁以及可飞行区域等因素的前提下，寻找飞行器从发射点到达目标点的飞行航线，同时满足某些约束条件并使某种性能指标达到最优。

2. 从数学角度

定义 5.2（从航迹规划问题内涵角度）航迹规划是一个有约束的泛函极值问题。如图 5-1 所示，目标泛函 $J(x(t))$ 即规划目标函数，泛函自变量函数 $x(t)$ 为航迹函数。航迹规划就是要寻找能够使 $J(x(t))$ 最小的 $x(t)$。容许函数集 S 为三维几何空间，航迹表示就是完成该三维空间到 C 空间（Configuration Space）的映射 f，目标函数的构造就是确定 J 的表达式，而约束条

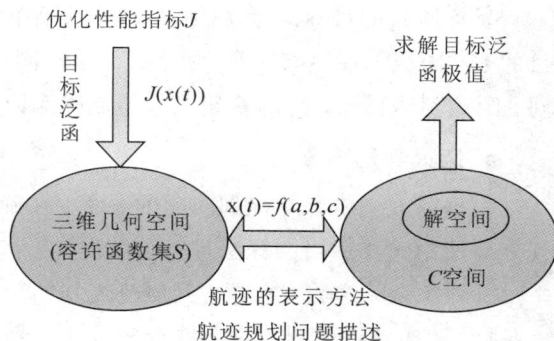

图 5-1　航迹规划问题数学描述图

件的存在使得解空间成为 C 空间的子集。

5.1.2 航迹规划过程

无论针对何种飞行器,航迹规划问题本身都包含了一些相同的基本要素:明确航迹规划类型、航迹表示、规划空间建模、约束条件分析、目标函数确定以及选择规划算法。航迹规划实际就是要依次解决上述六个问题,每个问题的不同答案构成了规划的总体解决方案。

1. 明确航迹规划类型

首先明确该规划问题属于轨迹规划还是航迹规划,这直接关系到航迹规划方法的选择。轨迹规划是基于控制论的优化,它需要考虑飞行器运动动力学约束问题,生成的航迹是由运动学、动力学微分方程积分得到的与时间相关的空间曲线。航迹规划是一种基于几何学的空间搜索,它一般不考虑飞行器的运动学和动力学约束,生成的飞行航迹是与时间无关的静态空间曲线。

2. 航迹表示

航迹的表达方式关系到如何建立几何空间到 C 空间的映射。根据规划类型的不同,规划生成的航迹有两种形式:一是用飞行器运动学、动力学描述的连续平滑航迹;二是用航迹点、航迹段(弧)表示的几何航迹。前者往往包含了航迹的控制规律,后者仅表征了航迹的空间形态。

3. 规划空间建模

在航迹规划中,通过对航迹的表示实现三维空间到 C 空间的映射,三维空间中包含了所有可能的航迹。规划空间表示是否合理直接影响规划的效率和结果的合理性。

4. 约束条件分析

为保证规划结果合理和可用,生成的航迹需要满足一定的约束条件。约束条件是指建立控制变量、状态变量以及它们之间可能存在的约束关系,如要求飞行器速度、过载等满足一定约束条件。

5. 目标函数确定

目标函数即目标泛函 $J(x(t))$,它是评价航迹性能优劣的标准,表示航迹规划的最终目的。不同规划往往有不同的侧重点和不同的目标函数形式,有的希望飞行器以最短时间、距离到达目标,有的希望飞行器能够保证最大生存概率等。

6. 选择规划算法

根据前五个步骤对规划问题的分解,在确定规划的总体解决方案后,就需要在众多的规划算法中选择适当的算法进行求解。

针对 UAV 这类飞行器,其航迹规划的一般流程如图 5-2 表示。

UAV 的航迹规划约束条件众多且相互影响,其实质是一个大系统的优化问题,规划过程复杂。

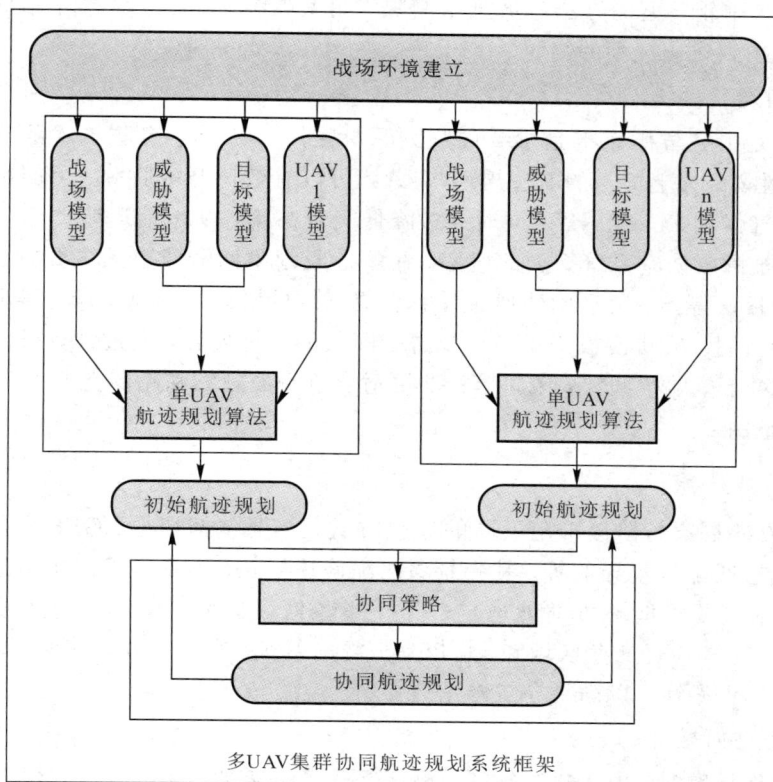

多UAV集群协同航迹规划系统框架

图 5-2　UAV 航迹规划过程

5.2　航迹规划需要考虑的基本问题

　　航迹规划的目的是在适当的时间内找出较优的飞行航迹，使 UAV 能够在现有的技术条件下实现安全飞行，并到达目标点。从航迹规划的基本目的出发，要安全地到达目标点，通常需要考虑安全性、UAV 物理条件限制、战术可行性、航迹最优性/规划实时性等几个方面的问题；而在解决这些问题中，需要考虑一系列限制条件。UAV 航迹规划是航迹安全性、物理可飞性、战术可行性、规划最优性/实时性的统一。下面分别从上述四个方面进行分析与描述。

1. 航迹安全性

　　航迹安全性是指 UAV 沿着规划好的航迹飞行，着重考虑如下两方面问题：一是坠毁问题，是指 UAV 沿着规划好的航迹飞行，与地面相撞的可能性，通常可用撞地概率表示；二是突防问题，即规划的航迹要尽量避开敌方的雷达、防空阵地等威胁。

　　1）坠毁问题

　　UAV 存在与地面相撞的概率称为坠毁概率（P_z）。P_z 是 UAV 内部指定的飞行高度 h_z 和地面粗糙度的函数。如果指定高度降低，或地面粗糙度增大，P_z 都将增大。在目标点确定后，坠毁概率就成为航迹规划的重点问题之一。目前已有很多方法在一定程度上解决了这一问题。其中较典型的方法有坡度限制法、曲率限制法、综合地形平滑法等。通常坠毁概率主要影响到航迹规划的高程。

2）突防问题

在航迹规划中突防概率也是重要的规划目标之一。在低空突防技术的支撑下，利用 UAV 的低空性能，加上适当的航迹规划，UAV 可以有效避开威胁源、可能影响飞行的险要地形、恶劣气候和人工障碍等；同时通过降低飞行高度，利用地形遮挡作用和地面反射杂波，可降低被敌方防空系统探测的概率。在航迹规划中回避威胁的主要方法有：威胁空间法和威胁模板法等。威胁空间法通过计算生成三维的威胁源信息空间，得出相应的尽可能安全的飞行空间。威胁模板法相当于威胁空间法的二维投影，通过计算可以得出安全的飞行区域。相对于威胁空间法，威胁模板法更适合于平面规划和超低空 UAV。

2. 物理可飞性

1）导航问题

UAV 可在不同飞行阶段采用不同的导航方式，主要包括惯导、GPS 导航、景象匹配修正导航和地形匹配修正导航等。其中景象匹配修正导航、地形匹配修正导航与航迹密切关联。规划的航迹要求能够方便地选定若干个景象匹配区域、地形匹配区域和飞行关键点，使规划的 UAV 飞经这些区域和点，以完成导航修正功能。另外，在匹配区域选择中还要考虑区域之间的距离，以满足导航修正的要求。

2）飞行姿态问题

在进行匹配导航时，由于执行拍摄、测高等任务的需要，需要 UAV 保持平稳直飞的状态，不能爬升、俯冲或滚动。为了实现这样的飞行姿态，就需要飞行航迹在某些特定的段上为直线段，因此在进行航迹规划时需要加入直飞限制条件。

3）飞行物理条件限制

除了考虑导航问题和飞行姿态问题外，在航迹规划时，还需要考虑爬升/俯冲速率、最大/最小速度、最大燃油量以及转弯半径大小等 UAV 飞行物理条件限制。

3. 战术可行性

UAV 飞行通常是和特定任务结合在一起的。作战任务可能要求在某一特定时刻前到达目标并对其发起攻击，或在一次飞行过程中多架 UAV 同时到达目标等。这些具体的飞行任务对飞行航迹施加了特定的战术要求，如航迹总长不能超过某个上限，UAV 必须沿特定的方向进入目标区，或沿不同航迹同时到达目标并发起攻击。这些战术上的要求同样应在航迹规划中考虑。

4. 航迹最优性/实时性

由于战场环境（包括敌情、地形、任务）的变化，事先规划的航迹也难以适应，因此实际工程应用中对航迹规划的实时性提出了特定的要求。对于不同的飞行任务，实时性有不同的定义。对于较大规划区域内的确定性航迹规划问题，实时性是指在数小时内在规划中心完成规划过程。而对于某些不确定性环境中的航迹规划，如机载在线航迹规划，实时性则是指 UAV 从探测或接收到更新的任务/环境信息后，在不影响任务且不危及自身安全的有限时间内完成可行航迹规划的时间。

5.3　协同航迹规划问题描述

根据本书第 2 章的分析，多 UAV 集群可控攻击具有多种协同作战模式。国外类似的 UAV 也开创了多种典型作战模式，比如多 UAV 齐射齐落、静默攻击、领弹/攻击弹组合攻击等。不同的协同作战模式对协同航迹规划的要求也不一样。本节以协同作战中使用较多的多 UAV 齐射齐落协同作战模式为研究背景，开展多 UAV 集群可控攻击协同航迹规划问题研究。

多 UAV 齐射齐落是指在一次进攻中，采用不同频率、不同类型的 UAV 在不同方向上进行齐射，通过不同的航迹同时到达目标。由于受到武器系统的作战反应时间、射击能力以及射击观察时间等因素的影响，敌方对多 UAV 同时攻击的反应能力下降，多 UAV 齐射齐落可以大大提高突防能力。

典型的多 UAV 齐射齐落协同作战想定如图 5-3 所示。由 M1 和 M2 两架 UAV 组成的编队对一个给定的敌方目标从预先确定的不同的方向实施攻击，两架 UAV 沿着事先规划好的航迹飞行（点画线）；飞行途中，在 M2 的航迹上出现新的威胁（如敌方机动防空部队）；此时地面任务规划系统根据战场态势，对 M1 和 M2 的航迹重新进行调整，规划出新的航迹，并通过卫星数据链传输到 UAV 上，UAV 根据新的航迹飞行，同时新规划好的航迹仍然保证整个 UAV 编队安全、同时到达目标，达到协同攻击的效果。

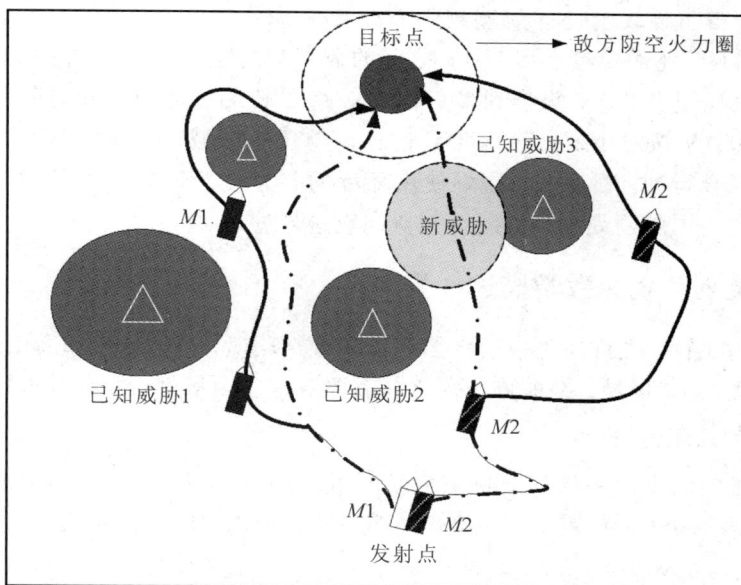

图 5-3　典型的多 UAV 齐射齐落协同作战想定图

通过前面的分析可知，UAV 协同航迹规划是一个动态规划问题。航迹规划系统不仅要能够预先规划出多 UAV 的协同航迹（发射前），而且能够根据 UAV 飞行途中战场环境态势的变化进行实时航迹重规划（在线规划），而且要达到协同规划效果。

协同航迹规划问题可以看作是单 UAV 航迹规划问题的超集。对单航迹规划问题描述为在规划空间中，为某一 UAV V_i，规划出从初始发射位置 S_i 到目标位置 G_i，且满足基本约束条件 $g_i(r_i)=0$ 的飞行航迹 r_i，使得航迹代价 $J_i(r_i)$ 最小。对于协同航迹规划而言，整个 UAV 编队 V_1，V_2，$\cdots$，V_M 的航迹组合 $\boldsymbol{r}=(r_1, r_2, \cdots, r_M)$ 在满足各自基本约束条件 $g_i(r_i)=0$ 的前提下，需进一步满足战术协同有关的互约束条件 $h(\boldsymbol{r})=0$，使得 UAV 编队具有代价最小的协同航迹 $\boldsymbol{r}^*$。协同航迹规划问题可描述为式（5-1）。

$$J(\boldsymbol{r}^*)=\min_{\boldsymbol{r}} J(\boldsymbol{r})=\min_{\boldsymbol{r}} \begin{bmatrix} J_1(r_1) \\ J_2(r_2) \\ \cdots \\ J_M(r_M) \end{bmatrix} \tag{5-1}$$

$$\text{s.t.} \quad g_i(r_i)=0, \quad i=1, 2, \cdots, M$$
$$h(\boldsymbol{r})=0$$

根据第 2 章航迹基本约束条件模型和以上战术协同要求，本书给出可行航迹的两个要求：一是满足基本约束条件，二是满足战术协同约束条件。需要说明的是，本书所讨论的 UAV 协同航迹规划问题，并非指 UAV 紧密编队协同飞行，因此不涉及 UAV 的底层控制律和空气动力学上的耦合问题。

5.4　多 UAV 协同航迹规划模型

多 UAV 集群可控攻击协同航迹规划不仅要考虑常规航迹规划的安全性、物理可飞性、规划的实时性，还需要考虑多 UAV 之间的战术协同性。多 UAV 航迹规划的协同性主要体现在：需要规划多 UAV 集群到多目标的航路并满足在空间上和时间上的协同关系，空间协同保证 UAV 按照指定的进入角到达各自的任务区域，时间协调保证相关的 UAV 在正确的时间联合行动。根据航迹规划使用环境的差异，多 UAV 集群可控攻击协同航迹规划又分为预先协同航迹规划和在线动态协同航迹规划。

5.4.1　航迹规划环境的数学描述

在大气层内飞行，飞行环境包括自然环境和人文环境，自然环境如高山、气象恶劣区，人文环境如禁飞/避飞区域。在航迹规划之前需要对这些因素进行量化建模。

1. 规划空间表示方法

航迹是三维空间中的一系列航迹点。假设用 $P(x, y, h)$ 表示三维空间中的点坐标，其中：x，y 为高斯坐标，h 表示海拔高度，那么航迹规划空间可以用式（5-2）表示：

$$\{(x, y, h) \mid X_{\min} \leqslant x \leqslant X_{\max}, Y_{\min} \leqslant y \leqslant Y_{\max}, h_D < h\} \tag{5-2}$$

其中：$X_{\min}$、$X_{\max}$、$Y_{\min}$、$Y_{\max}$ 分别为规划空间边界，h_D 为海拔高度。

2. 地形环境表示方法

通常地形数据采用数字高程模型（Digital Elevation Model，DEM）提供的数字高程数据。在地理信息系统中 DEM 最主要的三种表示模型分别为规则的网格模型、等高线模型和不规则的三角网模型。

　　规则的网格将区域空间切分为规则的网格单元，每个网格单元对应一个数值，这样就构成了一个矩阵，在计算机中就可以使用一个二维数组进行存储。对于矩阵当中每一个网格单元的数值通常有不同的解释，本书认为每一网格单元数据代表的是网格中心的高程值。为了满足不同精度的航迹规划需求，在航迹规划中需要涉及不同精度的地形模型。规则网格模型把地面划分为正方形网格，网格宽度通常取值为 $1\sim2$ km 或者更大，网格中点的地形高度为该网格高度（如图 5 - 4 所示）。

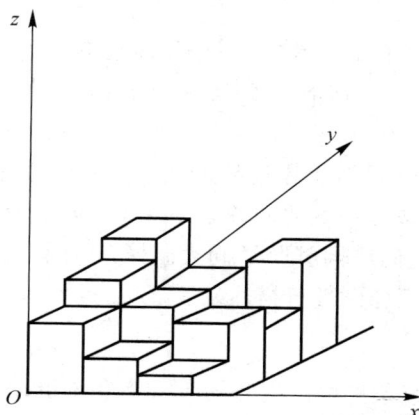

图 5 - 4　规则网格模型

3. 禁飞/避飞区域表示方法

　　UAV 在飞行当中需要考虑的禁飞/避飞区域包括城市、孤立山峰及各种威胁因素。在进行航迹规划时，威胁因素包括电磁干扰、固定防空火炮、地空导弹、雷达探测等。各种威胁因素对 UAV 影响也不一致，如防空火炮、地空导弹等对 UAV 来说是致命的，而雷达探测属于预警威胁，其本身不具备杀伤作用。各类威胁及其模型在各种文献中讨论比较多，在此不再叙述。本书将威胁分为实体威胁和非实体威胁，非实体威胁采用半球体的威胁模型进行描述，并采用位置、威胁强度、最大作用范围来描述；实体威胁则采用圆柱体进行描述，描述参数包括威胁中心的位置、半径、高度，并将城市、孤立山峰归结为实体威胁进行描述。

5.4.2　飞行航迹表示方法

　　根据特定的应用需要，按照不同的抽象层次，UAV 的飞行航迹可以采用不同的表示形式。结合本书航迹规划的需要，本书采用空中机动位置点序列表示 UAV 的飞行航迹。具体地说，就是在水平航迹优化时用水平转弯点序列来表示整条航迹，各相邻转弯点之间用直线段连接。由此可知，一条水平航迹可以描述为 $\{S, P_1, P_2, \cdots, P_{n-1}, P_n, G\}$，其中，$S$ 为航迹的起点，G 为航迹的终点，每一水平转弯点 P_i 保存为一个结构体，记录该点的水平坐标 (x_i, y_i) 的值。与此类似，在纵向航迹优化时，用纵向的转弯点序列表示航迹，相邻转弯点之间也用直线段连接。经过了纵向航迹优化得到的是三维可行航迹，此时的转弯点（包括水平方向和纵向的）用其空间位置坐标 (x_i, y_i, z_i) 唯一确定。利用这种方式表示航迹，其优点主要在于便于算法的实现，也便于对一些约束条件的分析判定，加快了航迹规划的速度；另外，通过调整转弯点的数目可以达到所需的航迹精度。

UAV 机动分为横向机动和纵向机动。纵向机动是指飞行在海拔高度上的爬升/下滑动作，横向机动是指 UAV 在水平面上进行的转弯动作。由于武器系统性能的约束，通常 UAV 横向机动和纵向机动不同时进行，因此，在进行航迹规划时，UAV 的水平航迹和纵向航迹分别独立进行优化。

5.4.3　协同航迹规划约束条件分析及模型

多 UAV 协同航迹规划除了要考虑单架 UAV 航迹规划的基本约束外，还需要考虑多 UAV 之间的协同性。基本约束包括航迹安全性、物理可飞性（燃料限制、最小转弯半径、最大爬升/俯冲角度、最低飞行高度、最高飞行高度、最小航迹段长度、地形和景象匹配区导航点）、战术可行性（飞行时间不能超过某个上限，沿特定的进入方向）、航迹规划最优性/实时性等。多 UAV 协同攻击中的协同约束条件，具体来看主要包括协同约束要求，如多 UAV 之间的时间协同、空间协同（UAV 间无碰撞，协同攻击角度）等。下面从基本约束条件和协同约束条件两个方面分别进行描述。

1. 基本约束条件

按照约束成因，基本约束条件可以划分为 UAV 本体机动能力约束、外部环境威胁约束和战术可行性约束。

1）UAV 本体机动能力约束条件

（1）UAV 航迹最短直飞距离 l。l 即 UAV 在改变飞行姿态前必须直飞的最短距离。因此要求每一个飞行航段的最小距离应满足：

$$l_i > l_{\min} \quad (i = 1, 2, \cdots, n) \tag{5-3}$$

（2）UAV 的最小飞行高度 H。记每一段航迹飞行高度为 H_i，则 H_i 应满足：

$$H_i \geqslant H \quad (i = 1, 2, \cdots, n) \tag{5-4}$$

（3）最大航程。UAV 在整个飞行过程中的航程受到 UAV 燃油和飞行时间配给的限制。记最大航迹长度为 $L_{\max}$，则每一个航段距离 l_i 应满足：

$$\sum_{i=0} l_i \leqslant L \tag{5-5}$$

（4）UAV 的最大转弯角度 $\phi_{\max}$。记导航点 (x_i, y_i) 或 (x_i, y_i, z_i)，记每一航段向量 $\boldsymbol{a}_i = (x_{i+1} - x_i, y_{i+1} - y_i, z_{i+1} - z_i)$，则最大转弯角约束可写为

$$\frac{\boldsymbol{a}_i^{\mathrm{T}} \cdot \boldsymbol{a}_{i+1}}{|\boldsymbol{a}_i^{\mathrm{T}}| \cdot |\boldsymbol{a}_{i+1}|} \geqslant \cos\phi \quad (i = 2, \cdots, n) \tag{5-6}$$

（5）最大爬升或下滑角 γ。这一约束只有在三维航迹规划时才考虑，具体可写为

$$\frac{|z_i - z_{i-1}|}{|\boldsymbol{a}_i|} \leqslant \tan\gamma \quad (i = 2, \cdots, n) \tag{5-7}$$

（6）最大节点数 $N_{\max}$。航迹每增加一个节点，就需要多转一次弯，这将直接影响航程和导航精度。假如某条航迹的节点数为 n_i，则该约束可以表示为

$$\frac{n_i - N_{\max}}{N_{\max}} \leqslant 0 \tag{5-8}$$

（7）由于制导体制需要，还要求飞过一些关键点，比如地形匹配区、气压修正区、景象

匹配区。

2）战术可行性约束条件

（1）有效的目标切入方向约束：从预先确定的方向接近目标，这个约束条件通过初始化目标进入点（瞄准点）来实现。

（2）由于战术突防需要，要求飞过一些特殊区域，比如地形跟踪区。

3）外部环境威胁约束条件

外部环境威胁约束条件主要包括地理障碍区、恶劣气象区、敌方防空阵地、敌方雷达和电磁干扰区等。上述威胁约束可通过建立各种威胁的模型来描述。航迹规划的原则要求尽量避开上述威胁区，如果无法规避，则要求通过上述区域的代价最小。详细的描述见 5.5.4 节。

2. 协同约束条件

多 UAV 集群协同航迹规划除了要满足单架的 UAV 基本约束之外，为了实现任务的协同，还必须满足多协同约束，主要包括攻击角度协同约束、空间协同约束和时间协同约束。

1）攻击角度协同约束

攻击角度协同约束要求各 UAV 瞄准点满足一定的角度要求。瞄准点的确定主要考虑目标点周边的地形、地物、威胁区域、防空火力等外部环境信息和目标的打击部位等区域，同时还需要考虑战术要求等信息。瞄准点的确定需要进行攻击可能性检查和通视概率检查。瞄准点的优选是一个约束优化问题，需要建立相应的模型进行求解，主要优化指标包括生存概率和毁伤概率，生存概率与毁伤概率都与 UAV 瞄准点的位置和方向密切相关。瞄准点位置的分布如图 5-5 所示。

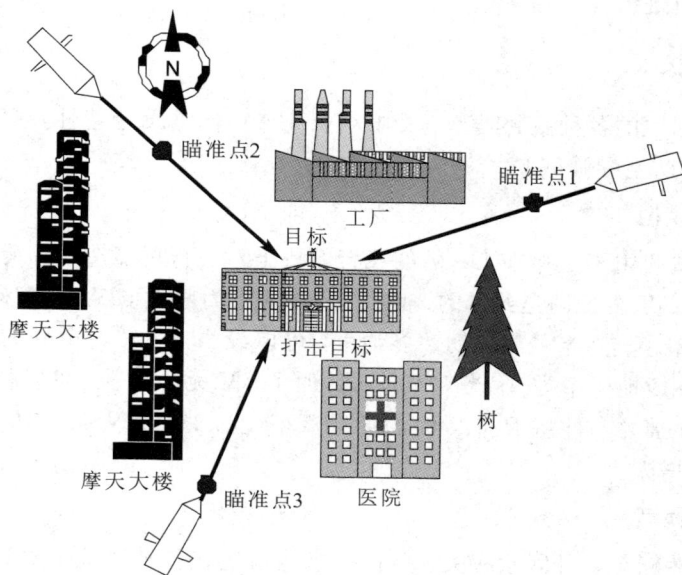

图 5-5　瞄准点位置分布示意图

2）空间协同约束

多 UAV 集群协同执行任务的过程中，假设各 UAV 同时从各自初始位置出发，任意时刻各 UAV 之间必须满足一定的安全间隔，d_s 为 UAV 间最小安全飞行距离。设 $u_i(t)$ 为 V_i 在 t 时刻的位置，则要求：

$$\| u_i(t) - u_j(t) \| \geqslant d_s \quad (i, j = 1, 2, \cdots, N, i \neq j) \tag{5-9}$$

3）时间协同约束

在 UAV 战术使用时，常常预先指定某一时刻，要求参与协同任务的各 UAV 在此时刻同时到达共同的目标区域，"同时到达"可以显著加强协同任务的效果。假定 UAV 的估计到达目标时间（Estimated Time of Arrival，ETA）的变化范围为 $[t_{\min}^i, t_{\max}^i]$，要使所有 UAV 几乎同时到达目标，则 UAV 编队 ETA 变化范围的交集应该不为空，即

$$\bigcap_{i=1}^{N} ([t_{\min}^i, t_{\max}^i]) \neq \varnothing \tag{5-10}$$

4）航迹差异性

处于对抗环境中的不同 UAV 编队，应沿不同航迹飞行，以增大突防概率。航迹的相似性越低，被敌方拦截的可能性也越小。以两条航迹的空间平均距离作为航迹差异的度量，则此项约束条件表述为

$$\overline{d_{ij}} \geqslant d_c \quad (i, j = 1, 2, \cdots, N; i \neq j) \tag{5-11}$$

其中，$\overline{d_{ij}}$ 为航迹 r_i、r_j 间的平均距离，d_c 为航迹平均距离的最小值。

多 UAV 集群协同航迹规划的目的就是为每个 UAV 实时地生成一条航迹，保证能够同时到达各自的目标点，并尽量提高 UAV 的生存概率。这样生成的航迹对于每个单一的 UAV 来说，不一定是最优的，但对于整个 UAV 编队来说，却必须是最优或近似最优的。因此，协同航迹规划不能只考虑其中某个目标的最优，而应寻求对于各 UAV 可行、编队总体目标最优的航迹组合。

5.4.4　威胁建模

对于规划空间中的各种威胁类型，文中结合 UAV 低空飞行特性，主要考虑三种威胁源：地形、雷达和防空导弹威胁。

1. 地形威胁模型

地形造成的威胁主要是指在 UAV 的飞行航迹上对飞行可能造成障碍的高耸山峰和建筑。地形障碍对 UAV 的威胁是致命的，必须完全规避。为避免 UAV 与障碍物相撞，考虑到 UAV 最大过载、最小转弯半径等机动性能约束，可以设当 UAV 与山峰的距离 $R > M$（米）时完全可以规避，撞地概率为 0；当 $R < N$（米）时 UAV 无法规避，可以将此时的威胁值设置为一个非常大的常数，即将 $R < N$ 时的撞地概率设为 1；当 $N \leqslant R \leqslant M$ 时，撞地概率值随着 R 的减小而增大。

2. 雷达威胁模型

雷达的探测性能与多种因素有关，要精确描述雷达在各种环境下对进攻 UAV 的发现概率非常困难，考虑到航迹规划时主要关心防御系统的整体效能，故可只考虑决定雷达探测效果的主要因素：仰角、地球曲率。雷达探测区域边界的相对高度和水平距离可以用下

式表示：

$$H_B = k_R \times L^2 \tag{5-12}$$

式中，H_B 为探测区域边界的相对高度，k_R 为表征雷达特性的系数，L 为水平距离。由于雷达观测受仰角和地球曲率的影响，一般离地面较近的区域存在雷达的盲区。上式表明，距离雷达越远，雷达盲区的高度越高。

雷达波传播经过目标反射，能量损耗与雷达和目标的距离的四次方成反比。因此可以认为在雷达的探测围内，雷达发现目标的概率是关于距离 R^4 的泊松分布，在雷达最大作用距离 $R_{\max}$ 处，雷达发现目标的概率为 e^{-1}，则可估算雷达发现目标的概率为

$$P_e = e^{-\frac{k_R L^2}{h} \times \frac{R4}{R_{\max}^4}} \tag{5-13}$$

其中，P_e 表示雷达发现目标的概率。

当 UAV 与雷达之间的距离 R 远大于雷达的水平最大作用距离 $R_{\max}$ 或者 UAV 处于雷达盲区时，认为它对 UAV 造成的危险值为 0。为了消除 k_R 值对雷达威胁判断的影响，文中只考虑水平角度，当 $R \leq R_{\max}$ 时，认为 UAV 处于雷达探测威胁下，此时雷达对 UAV 的威胁模型可以表述为

$$P_{Ra} = e^{-\frac{R^4}{R_{\max}^4}} \tag{5-14}$$

其中，P_{Ra} 表示导弹被雷达发现的概率。对于指数 e^{-a}，当 $0 \leq a \leq 1$，有 $e^{-a} \approx (1+a)^{-1}$。又 $0 \leq R^4/R_{\max}^4 \leq 1$，式（5-14）可转化为 $P_{Ra} \approx R_{\max}^4/(R^4 + R_{\max}^4)$。

3. 防空导弹威胁模型

防空导弹是突防面临的最大威胁。防空导弹的威胁范围可以用导弹的杀伤区表示。防空导弹以不低于某一杀伤概率杀伤空中目标的区域，称为该防空导弹的杀伤区。杀伤区的空间形状近似为腰鼓型。防空导弹的杀伤区有近界 $R_{\min}$ 和远界 $R_{\max}$ 之分，可将此作为描述 UAV 威胁的距离判断界限。在防空导弹杀伤区内，进攻 UAV 离防空导弹阵地的距离越近，受到的威胁越大。可以认为防空导弹的杀伤概率是关于 UAV 与防空阵地之间相对距离 R_M 的泊松分布。

当 $R_M > R_{\max}$ 或 $R_M < R_{\min}$ 时，突防 UAV 受到的威胁 $P_M = 0$。

当 $R_{\min} \leq R_M \leq R_{\max}$ 时，突防 UAV 受到的威胁 $P_M = e^{-R_M/R_{\max}}$。

对于指数 e^{-a}，当 $0 \leq a \leq 1$ 时，有 $e^{-a} \approx (1+a)^{-1}$，则上式简化为

$$P_M \approx \frac{R_{\max}}{R_{\max} + R_M}$$

由此防空导弹的杀伤概率可近似表示为

$$P_M = \begin{cases} 0, & R_M > R_{\max} \text{ 或 } R_M < R_{\min} \\ \dfrac{R_{\max}}{R_{\max} + R_M}, & R_{\min} \leq R_M \leq R_{\max} \end{cases} \tag{5-15}$$

5.4.5　航迹评价及代价函数

影响 UAV 航迹规划的因素众多，因此评价一条航迹的指标也很多。根据本章 5.2 节的描述，分析主要影响因素，提炼出关键指标。具体可分为以下几类关键指标。

1. 航迹长度指标

航迹长度指标(W_{length})可按如下公式计算得到：

$$W_{length} = \sum_{i=0}^{m} l_i \tag{5-16}$$

其中，m 为航迹段的个数；l_i 为对应各个航迹段的长度。

2. 威胁代价指标

威胁源模型采用 5.4.4 节中的简化模型。整个航迹段的威胁代价为各个航迹子段（两个导航点之间的航迹段）的威胁代价之和。要计算第 i 段航迹的威胁指数需要沿第 i 段航迹进行积分。为了减少计算量，只计算航迹段上的若干个点的威胁指数的平均值，再乘以该航迹段受影响的长度。为此，取如图 5-6 所示的三个分割点：$l_i/4$、$l_i/2$、$3l_i/4$，具体计算公式如下：

$$f_{TAi} = \frac{1}{3} \sum_{j=1}^{N_{site}} \left\{ l_{ij} \left[f_{TAj} \frac{l_i}{4} + f_{TAj} \frac{l_i}{2} + f_{TAj} \frac{3l_i}{4} \right] \right\} \tag{5-17}$$

其中，l_{ij} 为第 i 段航迹处于第 j 个威胁覆盖区域内的长度，N_{site} 是已知威胁源的个数，$f_{TAj}(l_i/4)$ 表示第 j 个威胁对航迹段 l_i 的 $l_i/4$ 处的威胁指数，具体的计算见 5.4.4 节中的威胁指数计算模型。

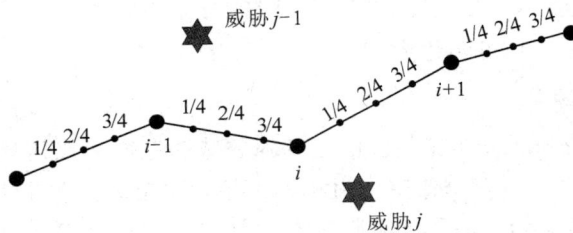

图 5-6　基于离散有限点的航迹威胁代价计算模型

3. 高程代价指标

UAV 通过低空飞行来进行突防，要求 UAV 尽量贴地飞行；飞行航迹高程越小，越有利突防，但是又要求飞行高度满足各类地形的最小飞行高度，以减少撞地概率，保证飞行安全。

5.4.6　总体代价指标

根据不同的规划目标，选取的航迹代价指标和加权系数都不一样。多 UAV 集群可控攻击协同航迹规划就是得到航程最短、生存概率最高、突防能力最强的最优航迹，并且各条航迹之间满足必要的协同约束，该问题属于典型的多目标优化问题。本书主要考虑航程、高程、威胁代价等指标，通过设置权值系数把多目标转化为单目标来考虑。

采用如下简化的航迹代价计算公式：

$$C = \sum_{i=1}^{n} (w_1 l_i + w_2 h_i + w_3 f_{TAi}) \tag{5-18}$$

其中，w 表示各分量的权重系数，l_i 表示第 i 段航迹的长度，它通过缩短航迹的总长度减少 UAV 的飞行时间，一方面降低 UAV 的危险系数，另一方面也可节省油耗；h_i 为 UAV 飞行的海拔高度，它通过降低 UAV 的高度，利用地形的遮挡作用和地面杂波来达到隐蔽的目的，以降低被敌方雷达发现并被地面防御系统摧毁的概率；$f_{\text{TA}i}$ 为第 i 段航迹段的威胁指数，它限制 UAV 不要与已知的地面威胁距离太近，使得 UAV 尽量通过威胁较小的区域飞行。

5.4.7　多 UAV 协同航迹规划数学模型

多 UAV 协同航迹规划分为两个阶段。首先是各 UAV 之间各自最优的航迹集合，然后协同管理层在航迹规划层的基础上进行协同规划。因此，协同航迹规划数学模型应包含两个部分，一是单架 UAV 航迹规划模型，二是多 UAV 协同规划模型。

1. 单架 UAV 航迹规划模型

对于单架 UAV 来说，航迹规划主要考虑航程、高程、威胁等代价指标和单架 UAV 航迹规划的基本约束，包括航迹安全性、物理可飞性（燃料限制、最小转弯半径、最大爬升/俯冲角度、最低飞行高度、最高飞行高度、最小航迹段长度、地形和景像匹配区导航点）、战术可行性（飞行时间不能超过某个上限，沿特定的进入方向）、航迹规划最优性/实时性。

$$
\begin{cases}
f(x,y,h)=\min\sum_{i=1}^{n}(w_1 l_i + w_2 h_i + w_3 f_{\text{TA}i}) \\
\text{s.t.} \\
(x,y,h)\in\{(x,y)\mid X_{\min}\leqslant x\leqslant X_{\max},Y_{\min}\leqslant y\leqslant Y_{\max},h\leqslant h_D\} \\
l_i>l_{\min} \\
h_i\geqslant H_{\min} \\
R_i>R_{\min} \\
\sum_{i=1}^{n}l_i<L_{\max} \\
\dfrac{\boldsymbol{a}_i^{\mathrm{T}}\cdot\boldsymbol{a}_{i+1}}{|\boldsymbol{a}_i^{\mathrm{T}}|\cdot|\boldsymbol{a}_{i+1}|}\geqslant\cos\phi,\ \boldsymbol{a}_i=(x_i-x_{i-1},y_i-y_{i-1},z_i-z_{i-1}) \\
\dfrac{n_i-N_{\max}}{N_{\max}}\leqslant 0 \\
i=1,2,\cdots,n
\end{cases}
$$

$$(5-19)$$

其中，l_i 表示第 i 段航迹的长度，h_i 为 UAV 飞行的海拔高度，$f_{\text{TA}i}$ 为第 i 段航迹段的威胁指数，$R_{\min}$ 表示防空导弹的杀伤区近界，ϕ 表示 UAV 的转弯角度，$N_{\max}$ 表示航迹最大节点数。

2. 多 UAV 协同规划模型

对于多 UAV 协同航迹规划而言，整个 UAV 编队 $M_1,M_2,\cdots,M_N$ 的航迹组合 $\boldsymbol{\gamma}=(\gamma_1,\gamma_2,\cdots,\gamma_N)$ 在满足各自基本约束条件 $g_i(\gamma_i)=0$ 的前提下，需进一步满足与战术协同有关的互约束条件 $h(\boldsymbol{\gamma})=0$，使得 UAV 编队具有代价最小的协同航迹 $\boldsymbol{\gamma}^*$。

$$
\begin{cases}
\boldsymbol{J}(\boldsymbol{r}^{*}) = \min_{\gamma} \boldsymbol{J}(\boldsymbol{r}) = \min_{\gamma}
\begin{bmatrix}
J_1(r_1) \\
J_2(r_2) \\
\vdots \\
J_N(r_N)
\end{bmatrix} \\
\| u_i(t) - u_j(t) \| \geqslant d_s \quad (i, j = 1, 2, \cdots, N; i \neq j) \\
\bigcap_{i=1}^{N} ([t_{\min}^{i}, t_{\max}^{i}]) \neq \varnothing \\
\overline{d_{ij}} \geqslant d_c \quad (i, j = 1, 2, \cdots, N; i \neq j)
\end{cases} \tag{5-20}
$$

其中，$\boldsymbol{J}(\boldsymbol{r})$ 指 UAV 编队飞行代价，$\boldsymbol{J}(\boldsymbol{r}^{*})$ 指沿着 $\boldsymbol{r}^{*}$ 飞行 UAV 编队飞行代价最小。N 为编队中个数，J 为飞行航迹总代价，J_i 是第 i 个 UAV 的飞行航迹代价，r_j 是 UAV 规划出的第 j 个飞行航迹，$u_i(t)$ 为第 i 个 UAV 在 t 时刻的位置，d_s 为 UAV 间最小安全飞行距离，$[t_{\min}^{i}, t_{\max}^{i}]$ 为第 i 架 UAV ETA 的变化范围，$\overline{d_{ij}}$ 为航迹 r_i、r_j 间的平均距离，d_c 为航迹平均距离的最小值。多 UAV 协同规划的目的是在满足协同约束条件下求解编队代价最小的协同到达时间和各对应的航迹。

本 章 小 结

本章介绍了 UAV 航迹规划的基本概念，然后对多 UAV 集群可控攻击协同作战过程中的飞行环境和 UAV 自身性能约束条件进行了分析；在此基础上就 UAV 航迹规划问题，建立了多 UAV 协同航迹规划数学模型，为后续航迹规划方法的研究提供了模型依据。

第 6 章　面向任务分配的 UAV 航迹快速预估方法

在任务分配过程中，UAV 需要对与可能任务相对应的飞行航路进行预估，特别是针对在线任务重分配问题，需要根据态势变化快速规划出一系列较优的预估航路，以保证任务分配在较短时间内完成。因此，面向任务分配的 UAV 航迹快速预估是一个对实时性要求很高的航迹规划问题。面向任务分配的 UAV 快速预估航迹是为任务分配提供航迹参考。因此，为了达到规划的快速性要求，在模型上可对传统航迹规划模型作进一步的简化。本章以面向任务分配的 UAV 航迹快速预估方法为研究对象，首先建立了面向任务分配的航迹规划简化模型，其次采用基于 Voronoi 图和遗传优化理论的航迹规划方法对模型进行求解，最后通过仿真验证文中改进方法的可行性和优越性。

6.1　任务分配与航路预估

如第 3 章所述，就任务分配过程而言，需要先计算各 UAV 执行任务的效能，然后以一定的准则进行优化求解得到分配方案。而为了计算 UAV 执行任务的效能，需要先计算出 UAV 执行任务的航路并在此基础上计算距离代价和风险代价。因为此时执行的任务还没有确定，所以需要预估每架 UAV 执行每个可能的任务序列的飞行航路，即每架 UAV 到每一个任务点以及各个任务点之间所有组合方式下的航路。

UAV 到可能任务点的航迹取决于 UAV 发射营所在位置和目标的位置，当有 N_B 个 UAV 发射营和 N_T 个目标时，从 UAV 发射营到各个目标点的航路数量为 $N_B \times N_T$，各个目标点之间的航路数量为 $N_T \times (N_T - 1)/2$，因此，需要规划的总的航路数量为 $N_B \times N_T + N_T \times (N_T - 1)/2$。

航路预估有两种处理方式。一种最简单的处理方式是直接采用两个任务点之间的直线航路，但对于战场环境而言，由于大量敌方威胁和禁飞区的存在，这种粗略的方法难以满足要求。另一种处理方式是对 UAV 到各任务点以及任务点之间所有的航路都进行详细规划，任务分配时以此作为计算任务效能的依据，任务分配后直接将其作为各任务点的飞行航路，但该方式需要对所有可能的 $N_B \times N_T + N_T \times (N_T - 1)/2$ 条航路都进行详细规划，计算时间过长而且难以满足任务分配的实时性要求。根据以上分析，任务分配中的航路预估需要在实时性与最优性之间进行折衷处理，通过航路快速预估方法为任务分配快速提供一系列较优的预估航路，保证任务分配在较短时间内完成，任务分配后再根据 UAV 分配得到的任务序列进行详细的航路规划，如图 6-1 所示。这样可以将需要详细规划的航路数量大大减少，从而大大提高规划过程的快速性。

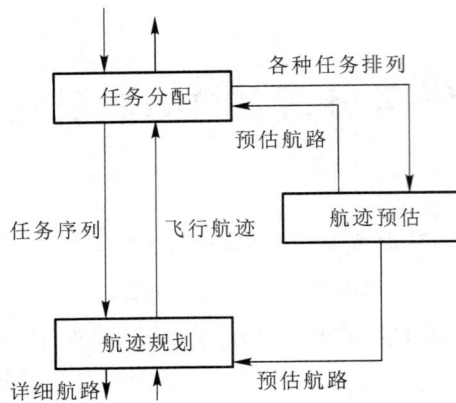

图 6-1　任务分配与航路预估的关系图

　　近年来研究人员已提出了许多 UAV 集群航路规划方法，但这些方法往往针对起点和终点之间的精细航路规划而设计，应用于航路预估问题时会因为求解时间过长而丧失实际应用的可行性。因此，需要针对战场环境中多 UAV 集群任务分配的特点研究与之相适应的航路预估方法。

6.2　面向任务分配的航迹规划简化模型

　　面向任务分配的航迹规划与第 5 章中的 UAV 航迹规划模型基本相同，但由于应用环境的差异和规划的快速性要求，面向任务分配的航迹规划模型与第 5 章的 UAV 航迹规划模型相比较具有如下特点。

　　(1) 航迹规划空间在二维空间中进行，不需要考虑高程方面的影响。因此，面向任务的航迹规划主要考虑 UAV 的可行航迹的长度和威胁程度。在目标函数确定上只需要考虑威胁代价和航程代价。

　　(2) 约束条件上不需要考虑 UAV 的爬升/俯冲速率、最大/最小速度以及转弯半径大小等限制条件。

　　综合上述分析，结合第 5 章的航迹规划模型，面向任务分配的航迹规划简化模型如下：

$$
\begin{cases}
f(x, y) = \min \sum_{i=1}^{n} (w_1 l_i + w_2 f_{\mathrm{TA}i}) \\
\text{s.t.} \\
\quad (x, y) \in \{(x, y) \mid X_{\min} \leqslant x \leqslant X_{\max}, Y_{\min} \leqslant y \leqslant Y_{\max}\} \\
\quad l_i > l_{\min} \\
\quad \sum_{i=1}^{n} l_i < L_{\max} \\
\quad \dfrac{n_i - N_{\max}}{N_{\max}} \leqslant 0 \\
\quad i = 1, 2, \cdots, n
\end{cases}
\tag{6-1}
$$

6.3　基于 Voronoi 图的航迹规划方法

在各种航迹规划方法中,路标图法通过对规划环境进行采样处理,能够缩减搜索空间,提高规划速度,成为一种常用的航路规划方法。在路标图中最常用的是 Voronoi 图和可视图。Voronoi 图法和可视图法构造路标与搜索路径的过程均与威胁分布紧密相关,前者求得的是趋于远离威胁的航路,后者求得的是趋于靠近威胁边界的航路。目前本书的研究重点是基于 Voronoi 图的航迹规划方法。

6.3.1　Voronoi 图的概念

Voronoi 图是计算几何中重要的几何图形,早在 1850 年的 Dirchlet 及 1908 年的 G.Voronoi 都讨论过 Voronoi 图的概念。Voronoi 图是俄国数学家 G.Voronoi 于 1908 年首先提出来的,并将其扩展到了高维空间,目前被广泛应用到地形处理等多种区域划分的场合。Voronoi 图就是对平面上任意给定的 n 个点(称为母点),将所有相邻点连成三角形,做这些三角形各边的垂直平分线,于是每个点周围的若干垂直平分线便围成一个多边形,这个多边形便称为 Voronoi 多边形,若干个母点的 Voronoi 多边形构成 Voronoi 图。简单来说,在二维平面内,Voronoi 图是由任意相邻两点之间连线段的垂直平分线所构成的许多多边形所组成的图形,如图 6-2 所示。Voronoi 图在求解点集或其他几何对象与距离有关的问题时起着非常重要的作用。

定义 6.1　平面 Voronoi 图对 $P = \{p_1, p_2, \cdots, p_i, \cdots, p_j, \cdots, p_n\} \in \mathbf{R}^2$, $3 \leqslant n < \infty$, p_i 的平面坐标 (x_i, y_i) 的向量表示为 $\mathbf{x}_i$, 且 $\mathbf{x}_i \neq \mathbf{x}_j$, $i \neq j$, $i, j \in I_n = \{1, \cdots, n\}$, 则由

$$V(p_i) = \{p \,|\, d(p, p_i) \leqslant d(p, p_j), j \neq i, j \in I_n\} \tag{6-2}$$

给出的区域称为目标 p_i 的 Voronoi 多边形,而所有目标 p_1, p_2, $\cdots$, p_n 的 Voronoi 多边形的集合构成了 P(目标)的 Voronoi 图。Voronoi 图可以形象地看作一组生长目标以等同速度向四周扩展,直到相遇为止,扩展过程全部结束,就形成了图 6-2 所示的 Voronoi 图。从图 6-2 中不难看出,两个相邻的目标具有公共的 Voronoi 图;Voronoi 节点与至少三个目标等距离,说明其是一个同心圆的圆心。

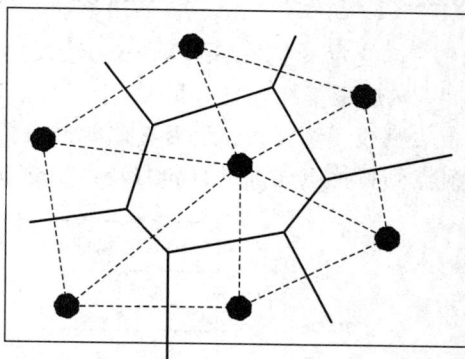

图 6-2　Voronoi 示意图

Voronoi 图具有的一些重要的特征:

(1) 每个 Voronoi 多边形内仅含一个母点;

(2) Voronoi 多边形内的点到相应母点的距离最近;

(3) 每条边(edge)是相邻点的垂直平分线;

(4) 位于 Voronoi 多边形边上的点到其他两边母点的距离相等;

(5) Voronoi 图的每一个顶点是图的三条边的公共交点;

(6) Voronoi 图的顶点是由原来的母点中的三个点确定的圆心。

6.3.2　基于 Voronoi 图的航迹规划空间描述

基于 Voronoi 图的航迹规划环境描述是根据敌方雷达位置和防空导弹阵地等威胁源作为 Voronoi 图中的母点 $T = \{T_1, T_2, \cdots, T_n\}$，以任意相邻两点的中垂线组成 Voronoi 图的边。图 6-3 为 14 个威胁点（图中深灰色圆点）基于 Voronoi 图的规划环境描述，其中，黑色实线为 Voronoi 图的边，代表通过两个威胁源之间威胁度最小的可行航迹，Voronoi 图中各条边的交点（图中浅灰色圆点）为飞行航迹的导航点，黑色粗实线为从发射点 S 到目标点 G 之间的一条可行航迹。

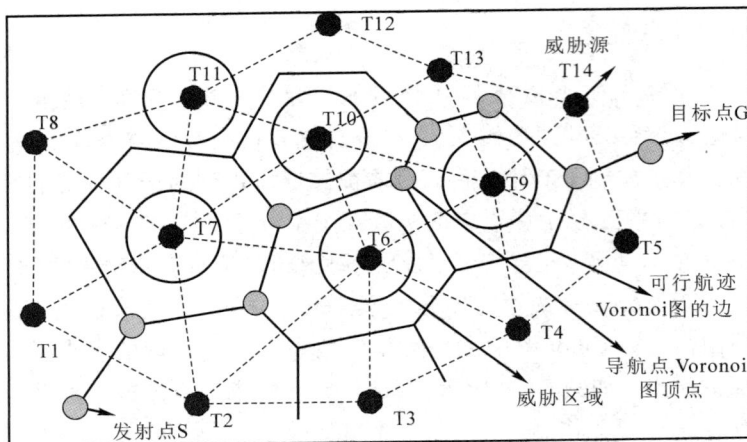

图 6-3　基于 Voronoi 图的航迹规划空间描述

6.3.3　传统基于 Voronoi 图的航迹规划方法

传统意义上的基于 Voronoi 图的航迹规划方法如图 6-4 所示，首先构造 Voronoi 图空间，然后根据战场态势情况（主要是雷达、防空反导阵地等威胁因素）为 Voronoi 图中的每条边赋权，该权值表示沿着该航迹飞行所受到的威胁大小，最后采用 Dijkstra 算法求从发射点到目标点之间的代价最小的航迹。

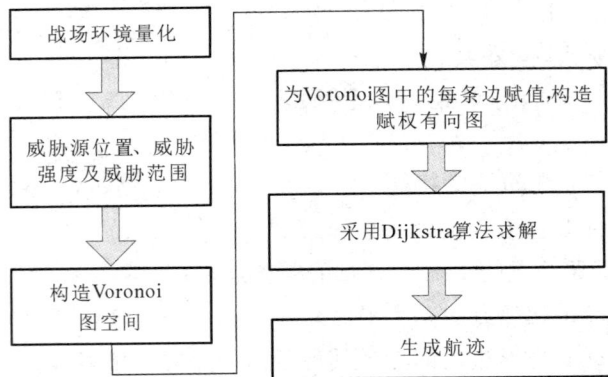

图 6-4　基于 Voronoi 图的航迹规划流程

6.4　基于 Voronoi 图和遗传相结合的航迹规划方法

6.4.1　构造赋权有向图

Voronoi 图空间构造取两个相邻威胁源连线的垂直平分线作为 Voronoi 图的边。在构造 Voronoi 图时，发射点和目标点不在母点范围之内。为简化起见，将发射点和目标点分别与其几何距离最近的三个节点相连，这样使起始点和目标点与威胁场 Voronoi 图形成一个从起点到目标点的有向图。

UAV 航迹规划就是要寻找飞行代价最小的航迹。根据面向任务分配的航迹规划模型，主要考虑两方面的代价：一是 UAV 的航程代价，二是 UAV 的威胁代价。因此，Voronoi 图的每一条边的代价由两部分构成：一是航程代价，二是威胁代价。根据参考文献[50][183]～[185]，Voronoi 图的每一条边 P_{ij} 的代价计算如下。

设 Voronoi 图的边 P_{ij} 的两端顶点分别为 $N_i(x_i, y_i)$、$N_j(x_j, y_j)$。

（1）航程代价。

$$CostD_{ij} = \sqrt{(x_i - x_j)^2 + (y_i - y_j)^2} \tag{6-3}$$

其中 D_{ij} 表示 $N_i(x_i, y_i)$、$N_j(x_j, y_j)$ 两点之间的距离。

（2）威胁代价。

威胁代价与 Voronoi 图中的边 P_{ij} 和威胁源（母点）的位置及威胁强度相关。UAV 在航迹 P_{ij} 段（Voronoi 图的边 P_{ij}）的威胁代价等于各个威胁点 $T_i(i=1, 2, \cdots, M)$ 对该段航迹的威胁代价之和。考虑到雷达的探测能力与目标体距雷达的距离的四次方成反比，则 UAV 在空间中某一点 x 受威胁点 T_i 的威胁指数 $f_{T_i}(x)$ 主要与 UAV 和威胁点间的距离 $r_j(x)$ 有关，具体计算公式如式（5-17）。

因此，航迹段 P_{ij} 的总代价为

$$Cost_{P_{ij}} = wCostD_{ij} + (1-w)f_{P_{ij}} \tag{6-4}$$

式中，w 表示航程代价和威胁代价之间的权重因子，w 值越大，表示航程代价越重要，反之，威胁代价重要。

6.4.2　基于遗传算法的最优航迹搜索

上述内容已经构造了具有权值的 Voronoi 图空间，下一步的工作是基于上述 Voronoi 图空间，寻找从发射点到目标点的代价最小的可行航迹。传统的 Voronoi 图采用 Dijkstra 算法进行求解，基于 Dijkstra 算法的搜索算法在 Voronoi 图空间较小时，能够得到全局最优的最小代价航迹，但是在节点数目较多时，该方法存在速度慢的问题。针对这种大范围的规划问题，Dijkstra 搜索算法已不能适用。本章采用遗传算法来求解上述优化问题，但是基本遗传算法染色体长度固定，不能满足航迹规划背景下航迹规划过程中导航点数量动态变化的问题，因此，本章引入动态长度编码的遗传编码，并在初始种群时采用回溯深度优先算法产生优良的初始种群，便于算法的快速收敛。

下面逐一介绍采用动态编码长度的遗传算法求解 Voronoi 图空间最小代价航迹中的航

迹表示方式、初始种群的产生、适应度计算、遗传算子设计等问题。

1. 基于 Voronoi 图的航迹表示方式

　　基于 Voronoi 图的航迹规划模型中，航迹点为 Voronoi 图的顶点，航迹段为 Voronoi 图的边，因此个体染色体的表示方式为：将基于 Voronoi 图的飞行航迹映射为个体染色体，构成航迹的 Voronoi 图顶点的编号 ID 映射为染色体的基因位。如图 6-5 所示，以非负整数数组表示染色体，航迹通过染色体中各个 ID 所代表的 Voronoi 图的顶点顺序连接而成，编码方式对染色体每一个基因位采用整数编码，分别指代规划环境中的导航节点 p_i，p_i 为导航节点编号 ID(Voronoi 图顶点的编号)且每一条染色体中各基因位的编码不得重复，即保证规划环境中任一导航点被访问次数小于或等于一次，染色体的第一个基因位和最后一个基因位始终为发射点 S 和目标点 G。航迹个体染色体编码为 $P = \{S，p_1，p_2，\cdots，p_N，G\}$，其长度为 $N+2$，且长度 $N+2$ 动态可变。

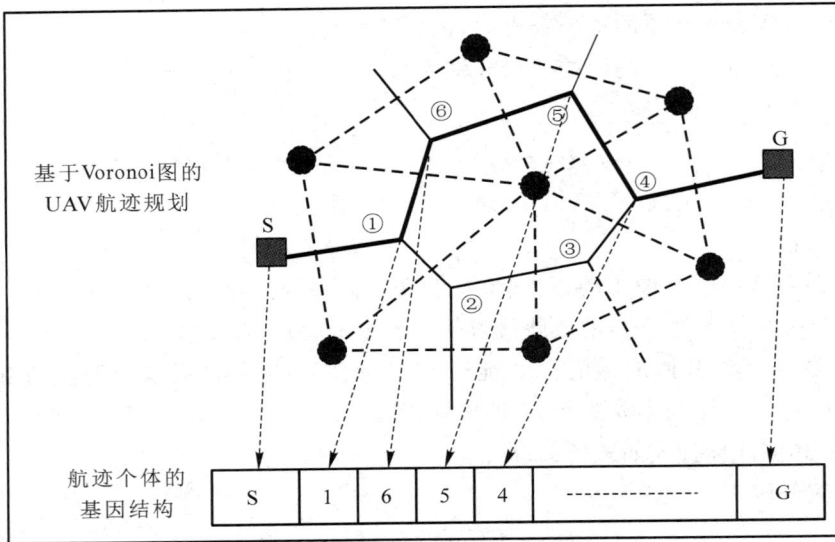

图 6-5　遗传算法航迹个体染色体表示

2. 初始种群的产生

　　算法开始前需随机指定一定规模的初始种群。为提高运算效率，采用回溯深度优先算法进行初始种群生成。从起始点出发，沿着某一方向向前搜索(随机选择与上一导航点连接的节点)，若能走通，则继续前进，否则沿原路退回(回溯)，换一个方向再继续搜索，直到搜索到目标点为止。搜索过程中应实时将已搜索过的节点从未知搜索空间集中剔除，避免重复选择，从而加快搜索速度。采用上述方式产生的初始种群确保了初始种群的可行性，即保证了初始种群中的个体都是可行航迹。

　　在初始种群产生的过程中，还应该考虑航迹的一系列约束条件，主要如下：

　　(1) 个体所代表的染色体的长度值必须小于最大飞行距离；

　　(2) 导航点个数小于 UAV 上可装订的最大导航点数目。

　　如果不满足上述条件，则重新产生新个体，直到满足为止。

3. 适应度计算

得到初始航迹后，计算种群中个体 $C_i(i=1, 2, \cdots, N_{\text{size}})$ 的适应度，个体 $f(C_i)$ 适应度计算如下：

$$f(C_i) = \sum_{j=1}^{Num\_C_i-1} Cost_j \tag{6-5}$$

式中，Num_C_i 为个体 C_i 的导航点个数，包括发射点 S 和目标点 G，$Cost_j$ 为根据 6.3.2 节中计算得到航迹 C_i 中航迹子段 j 的代价。对于不满足各种约束条件的个体，适应度值会赋予一个大的整数，比如 10000000。

4. 遗传算子设计

遗传算法的交叉、变异和选择算子的操作对象为如图 6-6 所示的染色体。UAV 的中途点为 Voronoi 图的顶点，因此通过遗传算子操作实现对 Voronoi 图的搜索。遗传算子的设计是保证算法求解快速收敛并逼近最优解的关键。根据具体应用背景，本章设计了相应的选择、交叉、变异三种遗传算子。

（1）选择算子。

选择算子对初始种群的适应度进行计算，采用轮盘赌选择方式，从亲代中选出个体进行交叉和变异操作。

（2）交叉算子。

交叉算子从选择出的群体中将个体两两之间随机配对，并按照一定的交叉概率 p_c 对其染色体进行交叉。若参与交叉的两条染色体具有相同的公共边，如图 6-6 中的公共边④⑤和⑤④，则按照交叉概率进行交叉，如果两个染色体之间没有公共边，则不进行交叉，具体的交叉方法见图 6-6。

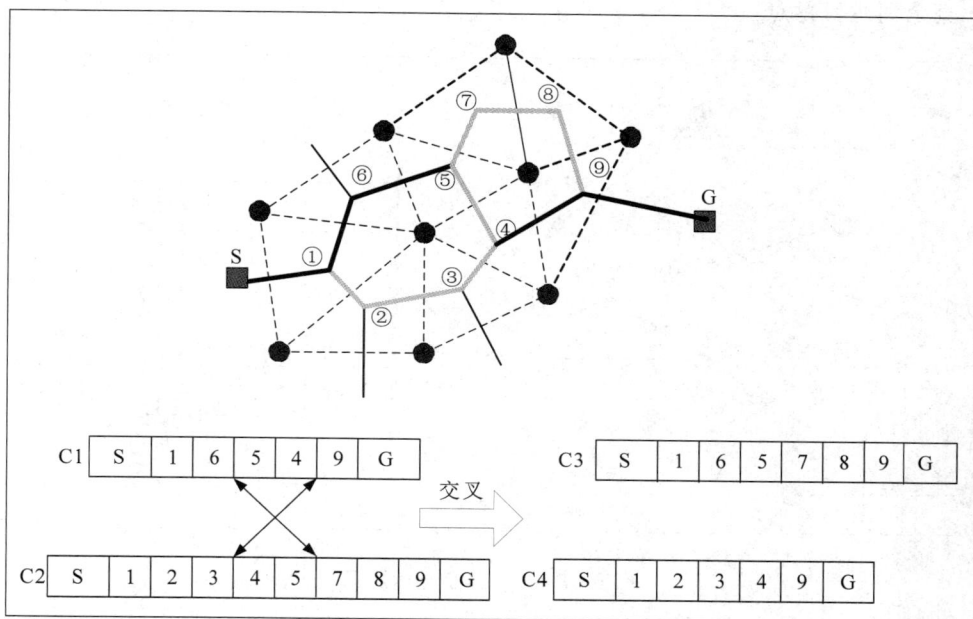

图 6-6　染色体交叉示意图

（3）变异算子。

对于变异算子，必须满足限制条件：① 不能改变 UAV 的发射点和目标点；② 如果在航迹中存在关键飞行区域，比如地形匹配区、气压修正区、景象匹配区等，则不能对 UAV 关键航迹段进行变异。

本章将经过交叉的个体按照一定的变异概率 p_m 进行变异，变异算子如下：

输入：某染色体 P_t：$S \rightarrow p_1 \rightarrow p_2 \rightarrow \cdots \rightarrow p_N \rightarrow G$；

输出：变异后的染色体 P_t'：$S \rightarrow p_1' \rightarrow p_2' \rightarrow \cdots \rightarrow p_N' \rightarrow G$；

Step1：对染色体 P_t 随机选择一个变异点，记为$point_0$，$point_0$ 之前（靠近发射区）所有点集记为 $pre(point_0)$，$point_0$ 之后所有点集记为 $post(point_0)$；

Step2：以当前点为中心，如果存在另外一条路径（非原来路径），则将对应的路径非$point_0$ 顶点记为$point_1$，Type ＝ True（Type 表示该节点是否存在其他可行路径），否则 Type＝False；

Step 3：如果 Type ＝ True，则基于 Voronoi 图连接$point_1$ 与 $post(point_0)$；如果 Type ＝ False，则返回 Step1，重新随机选择另一个变异点；

Step 4：形成新的变异后个体 P_t'。

如图 6-7 所示，变异前个体 $S \rightarrow 1 \rightarrow 2 \rightarrow 3 \rightarrow 4 \rightarrow 5 \rightarrow 7 \rightarrow 8 \rightarrow G$，随机选择变异节点④，选择另外一条路径 $4 \rightarrow 9$，然后基于 Voronoi 图连接节点⑨到 $post(4)$，形成新的个体 $S \rightarrow 1 \rightarrow 2 \rightarrow 3 \rightarrow 4 \rightarrow 9 \rightarrow 8 \rightarrow G$。

将经过交叉的个体按照一定的变异概率 p_m 进行变异。随机选择染色体的某一基因位，将其至目标节点的染色体删除，并按照初始种群生成所采用的回溯深度优先算法重新进行搜索，直至到达目标点，产生一条新的染色体，如图 6-7 所示。

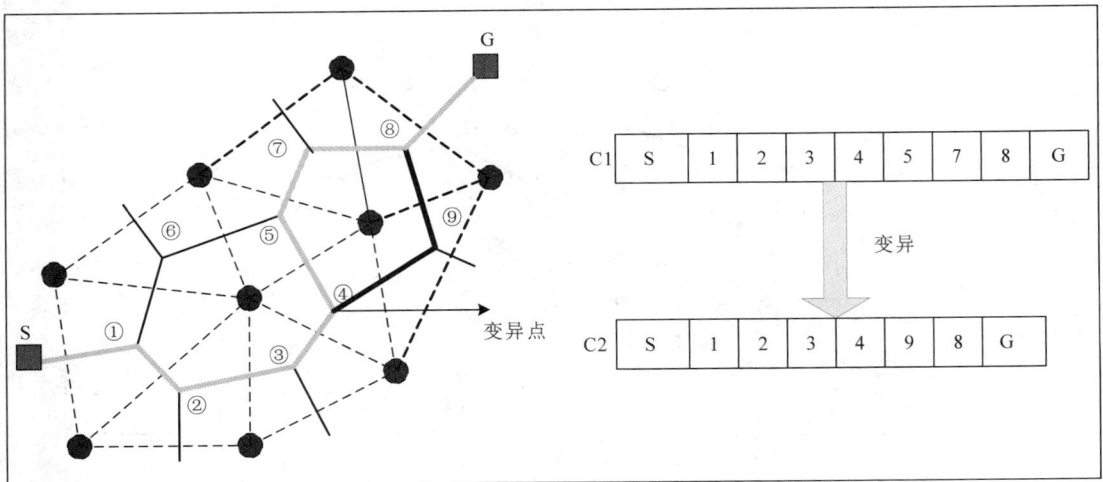

图 6-7　染色体变异示意图

将经过选择、交叉、变异的子代个体与父代个体按照适应度大小进行排序，从中选择适应度高的个体形成新的种群。

6.4.3　基于 Voronoi 图和遗传算法的航迹规划方法描述

为了后续叙述方便，文中将基于 Voronoi 图和遗传算法的航迹规划方法（Voronoi Diagram and Genetic Algorithm）简称为 VDGA 航迹规划方法。根据以上描述，所设计的 VDGA 航迹规划方法步骤为：

Step1：根据战场已知信息，威胁点坐标 $T_i(x_i, y_i, R_i)$，构造 Voronoi 图空间，计算 Voronoi 图顶点坐标（导航节点）；

Step2：基于威胁点坐标 $T_i(x_i, y_i, R_i)$ 及威胁强度 K_j，采用 6.4.1 节中的威胁指数计算模型和航程代价计算模型，计算 Voronoi 图中每条边的代价值；

Step3：对 Voronoi 图中的顶点坐标，即导航节点进行编号；

Step4：基于上述航迹表示方法，采用回溯深度优先算法生成可行的初始种群；

Step5：计算初始种群的适应度值；

Step6：判断种群是否收敛或达到最大进化代数，如果是"是"则转到 Step9，如果是"否"则转到 Step7；

Step7：执行遗传算子中的选择、交叉、变异操作，生成新的种群；

Step8：计算新种群适应度，对种群进行裁剪操作，保留适应度最高的个体，转到 Step6；

Step9：结束。

6.5　仿真结果与分析

基于以上思想和方法设计，在实验室环境下针对面向任务分配的预先快速航迹规划方法进行仿真试验。

计算机硬件条件：Intel（R）Core(TM)　i5；CPU M430，2.27 GHz，1.18 GHz；内存为 1.92 GB。计算机软件环境：Windows XP 操作系统，仿真软件为 Matlab 7.1。

仿真初始条件：规划空间为 1000 km×1000 km，发射点 $S=(-50，-50)$，目标点 $G=(950，950)$。每次试验分别随机产生若干威胁点分布，随机取值，威胁点强度取值范围为 0～10 之间的整数；威胁区作用半径随机取值，取值范围为 0～200 km，种群规模 $N\_Size=100$，最大进化代数为 100，交叉概率 $p_c=0.5$，变异概率 $p_m=0.1$。在仿真试验中，代价函数权值参数 $\omega=0.6$。在构建栅格空间时分辨率为 1 km。

下面将本节所研究的基于 Voronoi 图和遗传算法的航迹规划方法（VDGA）和常规的航迹规划算法进行对比试验。试验对比对象为基于 Voronoi 图和 Dijkstra 算法的航迹规划方法（Voronoi Diagram and Dijkstra Algorithm，VDDA）与常用的基于栅格空间和遗传算法的航迹规划方法（将称为 GA 方法）。由于本章的目的是研究面向任务分配的快速航迹规划方法，因此，重点考察算法的运算速度和所规划航迹的优劣程度（即目标函数代价值的大小）。

下面将进行 10 次仿真试验，分别用三种方法对同一组数据进行仿真，所得结果如下。

（1）表 6-1 为采用 VDGA 方法和 VDDA 算法得到的仿真结果数据。

表 6 - 1　VDGA 与 VDDA 算法仿真结果对比表

次数	威胁数	目标函数代价值 f				规划时间 T/s		
		f_{VDDA}	f_{VDGA}	Δf	$\Delta f/f_{VDDA}(\%)$	T_{VDDA}	T_{VDGA}	ΔT
1	30	1308.6	1335.86	−27.30	−2.09	1.4	2.5	−1.1
2	30	1325.2	1355.41	−30.21	−2.28	1.3	2.5	−1.2
3	30	1275.8	1302.92	−27.12	−2.19	1.3	2.5	−1.2
4	50	1725.4	1764.22	−38.82	−2.25	3.2	3.4	−0.2
5	50	1685.7	1716.89	−31.19	−1.85	3.3	3.4	−0.1
6	50	1772.4	1806.25	−33.85	−1.91	3.2	3.3	−0.1
7	100	2275.4	2324.55	−49.15	−2.16	26.6	16.7	9.9
8	100	2305.6	2355.40	−49.80	−2.16	25.8	16.0	9.8
9	150	2734.2	2785.33	−51.13	−1.87	42.7	22.5	20.2
10	150	2686.5	2741.57	−55.07	−2.05	43.3	23.5	19.8

　　从表 6 - 1 中可以观察出，采用 VDDA 算法比 VDGA 算法可以获得更小的目标函数代价，这是因为 VDDA 算法是在构造的 Voronoi 图空间中进行全局搜索，得到的是 Voronoi 图空间中的最优结果，而 VDGA 是随机概率搜索，得到的是当前最优结果，因此，VDGA 算法收敛后的结果要略高于 VDDA 算法。但是在规划时间上，随着规划空间的增加，VDGA 算法要大大优于 VDDA 方法。

　　（2）表 6 - 2 为分别采用 VDGA 方法和 GA 算法得到的仿真结果数据。

表 6 - 2　VDGA 与 GA 算法仿真结果对比表

次数	威胁数	目标函数代价值 f				规划时间 T/s		
		f_{GA}	f_{VDGA}	Δf	$\Delta f/f_{GA}(\%)$	T_{GA}	T_{VDGA}	ΔT
1	30	1301.5	1372.3	−70.8	−5.44	42.4	2.5	39.9
2	30	1223.5	1277.5	−54.0	−4.41	49.3	2.4	46.9
3	30	1154.9	1218.6	−63.9	−5.53	47.7	2.4	45.3
4	50	1518.4	1608.2	−89.8	−5.91	51.4	3.4	48.0
5	50	1550.6	1653.9	−103.3	−6.66	54.3	3.3	51.0
6	50	1546.8	1624.5	−107.7	−6.96	52.2	3.4	48.8
7	100	2030.2	2152.4	−122.2	−6.02	89.5	16.1	73.4
8	100	2100.5	2238.1	−137.6	−6.55	89.2	16.5	72.7
9	150	2466.7	2617.6	−150.9	−6.12	154.3	23.1	131.2
10	150	2459.6	2611.8	−152.2	−6.19	156.8	22.9	133.9

从表 6-2 中可以观察出,采用 VDGA 算法比常用的基于栅格空间和遗传算法的航迹规划方法的目标函数代价值高 6% 左右,这是因为基于栅格空间和遗传算法的航迹规划方法在搜索空间的构造上更加精细,在航迹优化时也能获得更好的航迹效果,但是基于栅格空间和遗传算法的航迹规划方法搜索时间上远远大于基于 VDGA 的方法,从面向任务分配角度的需求出发考虑,规划时间是非常重要的因素,因此,VDGA 方法更加适合于面向任务分配的航迹快速预估。

采用 VDGA 方法和 GA 方法的某次仿真的效果图及目标函数的代价值随进化代数的变化如图 6-8 和图 6-9 所示。

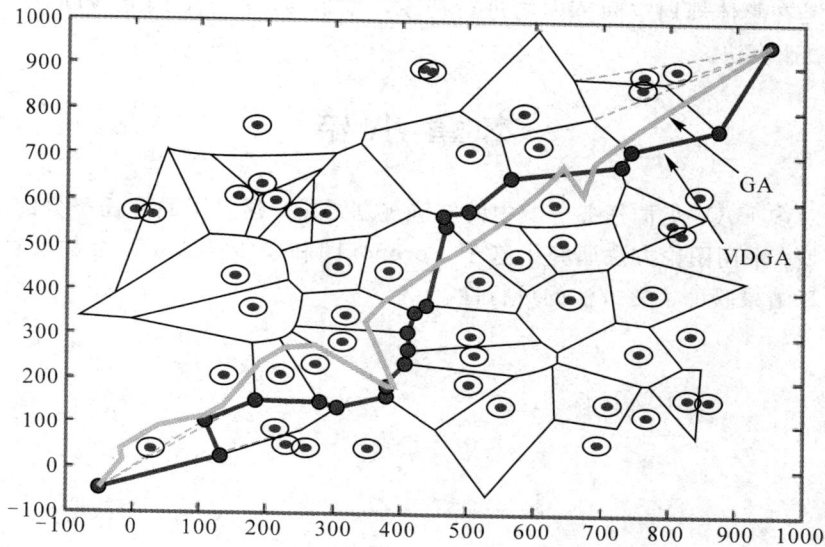

图 6-8　VDGA 方法和 GA 方法航迹预估效果对比图(单位:km)

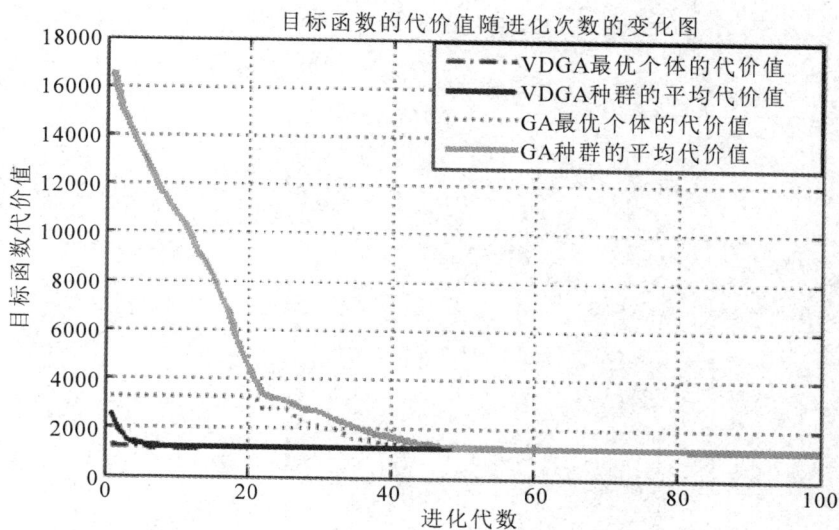

图 6-9　VDGA、GA 航迹预估目标函数代价值变化图

综合仿真结果来看，采用 VDGA 规划方法相对于常规的 VDDA 方法和 GA 方法规划时间大大缩短，具有更快的收敛速度，且随着威胁点数的增加，VDGA 在目标函数代价以及规划时间两个方面所表现出来的优势更加明显。主要原因在于：

（1）VDGA 基于 Voronoi 图对规划环境进行描述，规划空间与栅格空间相比较大大减少；

（2）各航迹段受威胁源的威胁代价值在规划空间建立时已计算完毕，形成通过雷达威胁区代价较小的 Voronoi 图规划空间，无需在进化过程中进行计算，而 GA 则必须在每一代进化过程中重复计算，耗时较大；

（3）VDGA 方法构建的初始种群均为可行航迹，具有较好的目标函数代价值，而 GA 初始种群则是在整体规划空间范围内进行搜索，并非可行路径，因此 VDGA 方法相对于 GA 方法收敛速度快。

本 章 小 结

本章针对多 UAV 集群任务分配中的航迹规划需求，建立了面向任务分配的二维航迹规划简化模型，采用图论方法研究了基于 Voronoi 图和遗传算法相结合的航迹规划方法，通过对比仿真结果验证了该方法的可行性。

3. 航迹平滑层

航迹平滑层是将各个飞行航路点序列进行航迹平滑可飞处理。

7.1.2　协同航迹规划流程及步骤

1. 协同航迹规划流程

基于分层求解方法的协同航迹规划流程如图 7-2 所示。首先航迹规划层根据协同任务分配结果，为每一个发射点到目标点规划出多条具有一定空间差异和长度差异的可行航迹簇，然后将这些航迹簇发送到协同管理层；协同管理层根据战场环境、速度的变化范围以及航迹规划层传来的航迹长度，确定出编队的协同时间 t，并把 t 和各个相应航迹编号送到航迹规划器；航迹规划器把协同管理层确定的编队飞行时间 t 和相应的航迹航路点序列送到航迹控制层；航迹控制层根据航路点序列操控 UAV 按规划出来的航迹飞行。

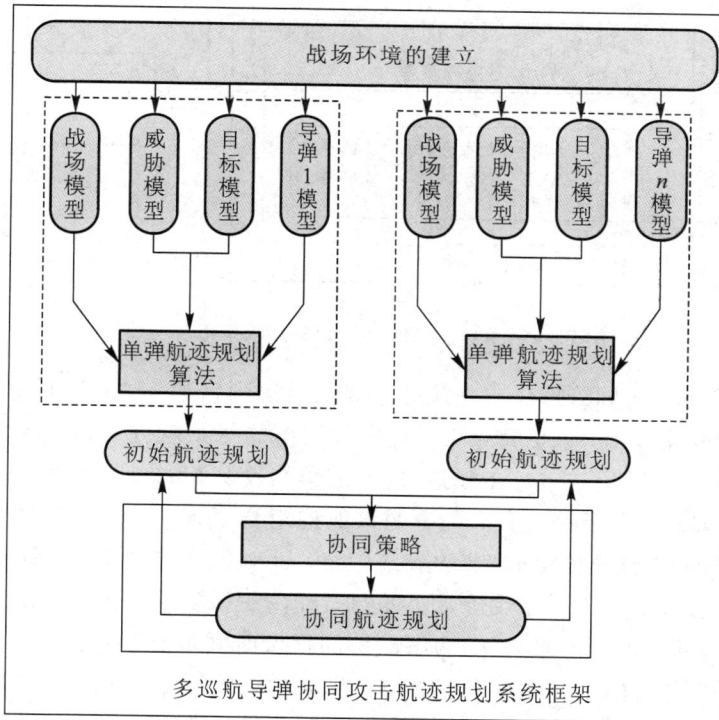

图中框架文字：

战场环境的建立

战场模型　威胁模型　目标模型　导弹 1 模型　　战场模型　威胁模型　目标模型　导弹 n 模型

单弹航迹规划算法　　　单弹航迹规划算法

初始航迹规划　　　初始航迹规划

协同策略

协同航迹规划

多巡航导弹协同攻击航迹规划系统框架

图 7-2　协同航迹规划流程图

多 UAV 集群协同航迹规划的主要任务是完成协同管理层、航迹规划层和航迹平滑层的设计。

2. 协同航迹规划步骤

上一节归纳总结了人在回路可控攻击协同航迹规划的几种基本思想，并通过比较选择了基于分层求解的协同航迹规划方法。综合文中的应用背景，人在回路协同航迹规划的分层求解步骤如图 7-3 所示。

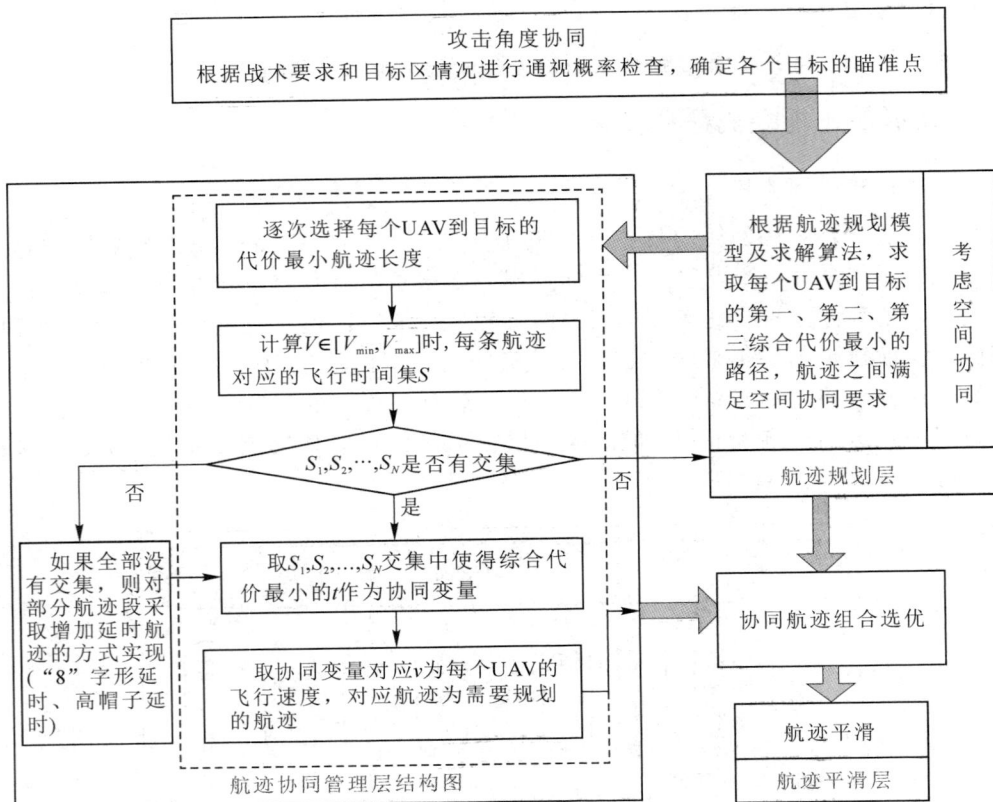

图 7-3　预先协同航迹规划分层求解总体方案

　　如图 7-3 所示，协同管理层首先从航迹规划层得到每架 UAV 到目标点的多条航迹，然后根据速度的变化范围，求出每架 UAV 按规划出的每条航迹飞行的时间集合，再求出所有航迹组合（每架 UAV 选定一条航迹）的时间集合交集。如果交集为空集，则表示该航迹组合不可行；如果交集不是空集，则说明该航迹组合可行。通过上述过程，可得到所有具有时间交集（具备协同攻击可能性）的航迹组合。针对各种航迹组合，计算该组合编队的综合代价，首先选择使编队综合代价最小的组合作为编队协同航迹，取该组合时间交集的中心（具备更大的冗余度和调整空间）为编队协同代价时间 t，然后计算该组合中每条航迹对应 t 的速度作为各自的飞行速度来完成整个编队的协同攻击。从图 7-3 所示的预先协同航迹规划分层求解方法可归纳出多 UAV 集群协同作战（主要是指时间协同）预先协同航迹规划的步骤如下。

　　1）单架 UAV 多航迹规划

　　根据协同任务分配结果，航迹规划层首先规划从发射点到目标点的一系列可行航迹，然后按照单条航迹适应值（即单条航迹优劣程度）的大小进行排序。

　　2）协同编组

　　根据协同作战要求，将完成同一作战意图的需要进行协同作战的多个 UAV 编为一个编队。协同管理层从航迹规划层得到编队中每架 UAV 从发射点到目标点的多条航迹。

3）计算各条航迹的时间集合

假设从航迹规划层得到第 i 枚到目标点第 j 条航迹的长度为 $length_{ij}$，已知速度的变化范围为 $v \in [v_{\min}, v_{\max}]$，则据此可以求出第 i 枚到目标点按照第 j 条航迹飞行的时间集合 t_{ij}。

$$t_{ij} \in [t_{\min}, t_{\max}] \tag{7-1}$$

$$t_{\min} = \frac{length_{ij}}{v_{\max}} + time\_start_i$$
$$t_{\max} = \frac{length_{ij}}{v_{\min}} + time\_start_i \tag{7-2}$$

式中，$time\_start_i$ 为第 i 枚起飞时刻。

4）计算各种可行的航迹组合

由于各架 UAV 具有多条航迹，因此，多 UAV 协同攻击可有多种航迹组合方式。根据第一步中计算得到的航迹飞行时间集合，可计算各种可行的航迹组合。可行的航迹组合需要满足如下的两个关系：

（1）航迹组合中的任意第 i、j 枚对应航迹的飞行时间满足以下关系：

$$t_i \in [t_{i\_\min}, t_{i\_\max}], \quad t_j \in [t_{j\_\min}, t_{j\_\max}], \quad t_i \cap t_j \neq \varnothing \tag{7-3}$$

（2）航迹组合中的任意第 i、j 枚对应航迹须满足空域协同要求（航迹之间满足最小间隔要求）。

5）计算各种可行组合的编队代价

编队代价函数为

$$\boldsymbol{J} = \sum_{i=1}^{n} J_i(x_j) \tag{7-4}$$

式中，n 为编队中的数量，J_i 是第 i 个飞行航迹代价，x_j 是第 i 个规划出的第 j 条飞行航迹。

6）确定航迹组合和协同到达时间

根据第 3）步计算结果，确定最小编队代价所对应的航迹组合。根据该组合中的各条航迹到达时间集合 $t_{ij} \in [t_{\min}, t_{\max}]$，确定该编队到达时间集合 $t \in [t_1, t_2]$，t 为该组合中的各条航迹到达时间集合 t_{ij} 的交集。由于在飞行中存在速度误差以及人在回路中的航迹调整，为了增强编队到达协同能力，编队的协同到达时间为 $T = (t_1 + t_2)/2$。然后根据编队的协同到达时间 T 和航迹长度计算与协同到达时间 T 对应的飞行速度 v。

根据上述分析，协同航迹规划首先需要为参与协同作战的单架 UAV 快速规划出一系列可飞的航迹，包括最优航迹、次优航迹等，并且要求航迹之间须保持一定的空间差异性。航迹平滑属于比较成熟的问题，已有成熟的方法来解决这个问题，在此不再赘述。下面将对上述问题展开详细的阐述。

7.2　自适应量子免疫克隆算法

自适应量子免疫克隆算法是在量子免疫克隆算法的基础上，建立基于量子观测熵的进化程度度量方法，根据量子观测熵对量子免疫算法相关参数进行自适应调整，使得自适应量子免疫克隆算法在全局最优解附近能够得到更好的收敛效果。下面分别介绍自适应量子免疫克隆算法的一些基本概念，为后续基于自适应量子免疫克隆算法的航迹规划算法设计提供基础。

7.2.1　量子计算基本概念

量子计算（Quantum Computation，QC）的研究始于 1982 年。首先量子计算被诺贝尔物理学奖获得者 Richard Feynman 看作是一个物理过程，现在它已经成为当今世界各国紧密跟踪的前沿学科之一。量子计算的并行性、指数级存储容量和指数加速特征展示了其强大的运算能力。1994 年，Peter Shor 提出了分解大数质因子的量子算法，它仅需几分钟即可完成用 1600 台经典计算机需要 250 天才能完成的 RSA－129 问题（一种公钥密码系统），这使当前公认为最安全的、经典计算机不能破译的公钥系统 RSA 可以被量子计算机容易地破译；1996 年，Grover 提出量子搜索算法，证明量子计算机在穷尽搜索问题中比经典计算机有 $O(\sqrt{N})$ 的加速，用此算法可以仅用 2 亿步代替经典计算机的大约 3.5×10^{16} 步，破译广泛使用的 56 位数据编码标准 DES（一种被用于保护银行间和其他方面金融事务的标准）。目前量子计算已经在保密通信、密码系统、数据库搜索等领域得到成功的应用。

量子计算是当前信息领域一个很活跃的课题。量子算法是相对于经典算法而言的，它最本质的特征就是利用了量子态的叠加性和相干性，以及量子比特之间的纠缠性，是量子力学直接进入算法领域的产物，它与其他经典算法最本质的区别就在于它具有量子并行性。可以从概率算法去认识量子算法，在概率算法中，系统不再处于一个固定的状态，而是对应于各个可能状态有一个概率，即状态概率矢量。如果知道初始状态概率矢量和状态转移矩阵，则通过状态概率矢量和状态转移矩阵相乘可以得到任何时刻的概率矢量。量子算法与此类似，只不过需要考虑量子态的概率幅。因为它们是平方归一的，所以概率幅度相对于经典概率有 $\sqrt{N}$ 倍的放大，状态转移矩阵则用 Walsh-Hadamard 变换、旋转相位操作等酉正变换来实现。量子算法得以实现的前提在于用量子位（qubit）代替了经典的位（bit）。在量子信息论中，信息的载体是一个一般的二态量子体系，该二态的量子体系可以是一个二能级的原子或粒子，也可以是一个自旋为 1/2 的粒子或具有两个偏振方向的光子，所有这些体系，均被称为量子比特即量子位。区别于经典比特，在量子体系中，一位的信息位是由两个本征态的任意叠加态所构成，即量子比特。例如，一个 n 位二进制的串在量子体系中可同时表示 2^n 个信息，而量子计算机对每个叠加分量（本征态）实现的变换相当于一种经典计算，所有这些经典计算同时完成，并按一定的概率振幅叠加起来，给出量子计算的结果。这种计算称之为量子并行计算。

1. 量子比特

一个量子比特的状态可以取值 0 或 1，其状态可以表示为

$$|\psi\rangle=\alpha|0\rangle+\beta|1\rangle \tag{7－5}$$

在量子算法中，使用一种基于量子比特的编码方式，即用一对复数定义一个量子比特位。复数 α 和 β 为 0 态和 1 态的概率幅，$|\alpha|^2+|\beta|^2=1$，$|\alpha|^2$ 和 $|\beta|^2$ 分别给出了量子位取 0 和取 1 的概率。

2. 量子观测

量子观测是将量子染色体转化为某一个问题解的过程。量子观测过程如下：生成一

个均匀分布的随机数 $r=\mathrm{rand}(0,1)$，如果 $r \leqslant \alpha_i^2$，则问题解个体第 i 位基因 $x_i=0$，否则 $x_i=1$，对其他各位都进行同样的量子观测操作。

3. 量子染色体

进化算法的常用编码方式有二进制、十进制和符号编码。量子染色体采用一种特殊的编码方式——量子比特编码，即用一对复数来表示一个量子比特，这也正是此算法高效性所在。一个具有 m 个量子比特位的系统（即为一个量子染色体）可以描述为

$$\begin{bmatrix} \alpha_1 & \alpha_2 & \cdots & \alpha_m \\ \beta_1 & \beta_2 & \cdots & \beta_m \end{bmatrix} \tag{7-6}$$

式中，α_i 和 β_i 要满足归一化条件。其中，α、β 的下标分别为：$i=1,2,\cdots,m$；$j=1,2,\cdots,m$。这种表示方法可以表征任意的线性叠加态，例如一个具有如下三对概率幅的三量子比特系统：

$$\begin{vmatrix} \dfrac{1}{\sqrt{2}} & 1 & \dfrac{1}{2} \\ \dfrac{1}{\sqrt{2}} & 0 & \dfrac{\sqrt{3}}{2} \end{vmatrix} \tag{7-7}$$

则系统的状态可以表示为

$$\frac{1}{2\sqrt{2}}|000\rangle + \frac{\sqrt{3}}{2\sqrt{2}}|001\rangle + \frac{1}{2\sqrt{2}}|100\rangle + \frac{\sqrt{3}}{2\sqrt{2}}|101\rangle$$

上式表示状态 $|000\rangle$、$|001\rangle$、$|100\rangle$、$|101\rangle$ 出现的概率分别是 $1/8$、$3/8$、$1/8$、$3/8$。由此看到一个三量子比特系统表示了四个状态叠加的信息，即它同时表示出四个状态的信息。

因此，通过使用量子比特染色体增加了算法的解的多样性。如在上例中，一个量子染色体可足以表示四个状态，而在传统进化算法中至少需要四个染色体（000）、（001）、（100）和（101）来表示；同时，此算法也具有良好的收敛性，随着 α、β 趋于 1 或 0，量子比特染色体收敛于一个状态，这时多样性消失，算法收敛。

4. 量子更新

量子算法采用量子旋转门作用于量子位进行抗体的更新，其一般形式如下：

$$U(\theta_i) = \begin{bmatrix} \cos\theta_i & -\sin\theta_i \\ \sin\theta_i & \cos\theta_i \end{bmatrix} \tag{7-8}$$

其中，θ_i 为旋转角，$\theta_i = S(\alpha_i, \beta_i) \cdot \Delta\theta$，$S(\alpha_i, \beta_i)$ 和 $\Delta\theta$ 分别为旋转角的旋转方向和角步长。

7.2.2　量子免疫克隆算法

量子免疫克隆算法（Quantum Immune Clone Algorithm，QICA）是以量子理论和免疫克隆原理为基础，基于量子计算基本概念和免疫学的基本原理形成的一种概率性搜索算法。量子免疫克隆算法以量子比特和量子叠加态为基础，将量子态的表述引入到抗体编码中，并使用针对量子编码的量子更新策略以及其他免疫算子使种群向着局部或全局最优解逼近。因此，量子免疫算法不仅具有人工免疫系统的特异性、记忆性、多样性等特性，又具有量子系统的叠加性和并行性等特点，这些特点使得量子免疫算法在解决优化问题上有着

显著的优势。近年来，量子免疫克隆算法在许多优化领域得到了应用。

　　量子免疫克隆算法借鉴生物免疫系统的抗体多样性的遗传机理和细胞选择机理对于克服传统遗传算法的局限性具有一定作用，主要表现在：一是抗体的多样性有利于提高全局搜索能力，保证不陷进局部最优解；二是人工免疫系统的自我调节机制可提高算法局部搜索能力；三是免疫记忆功能可以加快搜索速度。量子免疫克隆算法用量子位编码表示染色体，用量子门更新完成进化搜索，能够充分利用量子计算的并行性和免疫系统的学习、记忆功能，以及自组织和多样性特征，具有种群规模小而不影响算法性能、收敛速度快和全局搜索能力强等特点，得到了国内外研究人员的广泛关注。

　　免疫克隆算法主要包括三个步骤，分别为克隆操作、免疫基因操作和克隆选择操作，抗体种群的状态转移情况可以表示成如下的随机过程。

$$A(k) \rightarrow A'(k) \rightarrow A''(k) \rightarrow A(k+1) \qquad (7-9)$$

　　量子免疫克隆算法是在基本免疫克隆算法的基础上，对抗体采用量子编码，在免疫基因操作中引入量子更新策略的一种算法。量子免疫克隆算法的具体操作过程如图 7 - 4 所示。

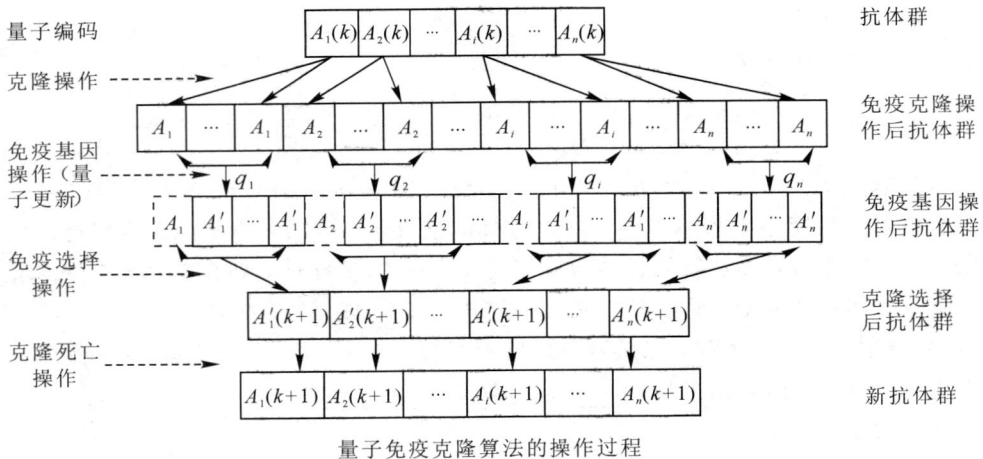

量子免疫克隆算法的操作过程

图 7 - 4　量子免疫克隆算法主要流程

　　（1）克隆操作 T_c^C。

$$T_c^C(A(k)) = [T_c^C(A_1(k))\ T_c^C(A_2(k)) \cdots T_c^C(A_n(k))]^T$$

其中，$T_c^C(A_i(k)) = I_i \times A_i(k)$，$i = 1, 2, \cdots, n$，$I_i$ 为元素值为 1 的 q_i 维行向量，称抗体 A_i 的 q_i 克隆。q_i 为抗体 A_i 的克隆规模，即抗体在抗原的刺激下，克隆操作生成了单一抗体的多个镜像，实现了生物倍增，完成了个体空间的扩展。q_i 表示为如下的函数形式：

$$q_i = g(N_c, f(A_i(k))) \qquad (7-10)$$

　　一般取：

$$q_i = \text{int}\left[N_c \times \frac{f(A_i(k))}{\sum_{j=1}^{n} f(A_j(k))} \right] \quad (i = 1, 2, \cdots, n) \qquad (7-11)$$

N_c 是与克隆规模有关的设定值，$N_c > n$；int(•) 为上取整函数，int(x) 表示大于 x

的最小整数；$f(A_i(k))$ 为抗体 $A_i(k)$ 的抗体-抗原亲和度。由此可见，克隆规模是依据抗体-抗原亲和度来进行自适应调整的。克隆后，种群将会变为

$$A'(k) = \{A(k), A_1'(k), A_2'(k), \cdots, A_n'(k)\} \qquad (7-12)$$

（2）免疫基因操作 T_g^C。需要注意的是，为了保留父代种群信息，免疫基因操作不作用于 $A(k) \in A'(k)$。依据概率 p_m 对克隆后的群体进行变异操作，$A''(k) = T_g^C(A'(k))$。免疫基因操作后，种群变为

$$A''(k) = \{A(k), A_1''(k), A_2''(k), \cdots, A_n''(k)\} \qquad (7-13)$$

在免疫基因操作的操作过程中，既可使用传统意义上的交叉、变异操作，也可根据量子的叠加特性和量子变迁的理论，运用一些合适的量子门变换来产生。由于概率归一化条件的要求，量子门变换矩阵必须是可逆的酉正矩阵，需要满足 $U^*U = UU^*$（U^* 为 U 的共轭转置）。常用的量子变换矩阵有：异或门、受控的异或门、旋转门和 Hadamard 门等。

（3）克隆选择操作 T_s^C。$\forall i = 1, 2, \cdots, n$，存在变异后抗体集，$B = \{A_{ij}'(k) \mid \max f(A_{ij}'),$ $j = 1, 2, \cdots, q_i - 1\}$，若 $f(B) > f(A_i(k))$，则 B 取代 $A_i(k) \in A(k)$。

（4）克隆死亡操作 T_d^C。克隆选择后获得相应的新抗体群为

$$A(k+1) = \{A_1'(k+1), A_2'(k+1), \cdots, A_i'(k+1), \cdots, A_n'(k+1)\} \qquad (7-14)$$

对 $A(k+1)$ 中与抗原的亲和度小于门限值 σ 的抗体进行免疫死亡操作。死亡操作策略既可以是随机产生一个新抗体代替 $A_i'(k+1)$，也可以是采用变异或交叉策略重新生成新抗体来代替。

获得相应的新抗体群为：$A(k+1) = \{A_1(k+1), A_2(k+1), \cdots, A_n(k+1)\}$。

由此可见，克隆的实质是一代进化中，在候选解的附近，根据亲和度的大小，产生一个变异解的群体。进一步可以认为，克隆是将一个低维空间（n 维）的问题转化到更高维（N_c 维）的空间中解决，然后将结果投影到低维空间（n 维）中，从而获得对问题更全面的认知。

7.2.3　自适应量子免疫克隆算法

自适应量子免疫克隆算法是指根据量子免疫克隆算法的进化程度的度量，自适应地调整量子门更新的角步长，使得算法在进化到一定程度后，在最优解附近小步长、高分辨率地搜索，使问题的求解更加精确。

1. 进化程度的度量

为了根据算法的进化程度来对相应的参数进行自适应调整，就必须给出对算法进化程度的合理的衡量方式。通过对量子免疫克隆算法原理的分析可以知道，随着种群向局部或全局最优解的逼近，各量子位的概率幅分别趋于 1 或 0，那么其观测值也会相应地趋于 1 或 0。因此，可根据量子位的概率幅的变化来定量评价算法进化的程度。众所周知，"熵"是信息论中非常重要的一个基本概念，它是描述一个随机分布的不确定性程度。文中采用量子观测熵的概念进行进化程度的度量，定义如下：

$$H_Q = -2\sum_{i=1}^{n} q_i^2(x_i) \log q_i(x_i) \qquad (7-15)$$

其中，H_Q 是量子编码系统的观察熵值，q_i 为第 i 个基因位的量子编码的概率幅。对应于

具有 N 个量子位的量子编码系统，式(7-15)可改写为

$$H_Q = -2\sum_{i=1}^{n}\left[\,|\alpha_i|^2\log|\alpha_i| + |\beta_i|^2 \times \log|\beta_i|\,\right] \tag{7-16}$$

其中，N 表示个体编码长度，$|\alpha_i|^2$ 和 $|\beta_i|^2$ 分别表示量子位处于状态 0 和状态 1 的概率。

2. 基于量子观测熵的自适应量子更新

在基本量子算法中，量子门旋转角是固定不变的。随着进化代数的增加，抗体向着最优解的方向靠近，此时量子门旋转角步长应该减小，以增加解的准确性。根据量子免疫克隆算法给出的量子观测熵进化程度度量方法，可给出量子门旋转步长 $\Delta\theta$ 的一种具体实现形式：

$$\Delta\theta_i = 0.025\pi\left[1 - k\frac{H_{Q\_S} - H_Q}{H_{Q\_S}}\right] \tag{7-17}$$

式中，H_{Q_S} 表示初始抗体的量子观测熵，H_Q 表示当前抗体的量子观测熵，k 表示调整系数。

7.3　基于 AQICA 的 UAV 航迹规划

文中将量子克隆免疫算法应用到航迹规划系统中，并提出了一些改进措施，引入了基于量子观测熵的自适应量子更新策略，为航迹规划提供了一种思路和办法。为了描述方便，文中把自适应量子免疫克隆算法(Adaptive Quantum Immune Clone Algorithm)简写为 AQICA。基于 AQICA 的航迹规划着重解决以下几个方面的问题：一是航迹的量子编码和种群初始化；二是量子进化操作，包括免疫克隆操作、免疫基因操作、克隆选择操作和克隆死亡操作，重点在于免疫基因操作中的量子抗体的进化策略和量子克隆规模的自适应调整方法；三是基于 AQICA 方法的航迹规划详细步骤。下面分别进行阐述。

1. 航迹编码和种群初始化

设初始种群 Q 为 $\{q_1, q_2, \cdots, q_N\}$，其中 N 为种群规模大小(即航迹条数)，$q_k(k=1, 2, \cdots, N)$ 为种群中包含的航迹。每一条航迹被看作一个抗体，航迹中每个节点的位置对应一个基因。航迹 q_k 的量子比特编码为

$$q_k = \begin{bmatrix} \alpha_{1,1} & \alpha_{1,2} & \cdots & \alpha_{1,n} & \alpha_{2,1} & \alpha_{2,2} & \cdots & \alpha_{2,n} & \cdots\cdots & \alpha_{m,1} & \alpha_{m,2} & \cdots & \alpha_{m,n} \\ \beta_{1,1} & \beta_{1,2} & \cdots & \beta_{1,n} & \beta_{2,1} & \beta_{2,2} & \cdots & \beta_{2,n} & \cdots\cdots & \beta_{m,1} & \beta_{m,2} & \cdots & \beta_{m,n} \end{bmatrix} \tag{7-18}$$

其中，m 表示航迹包含的节点个数，n 表示航迹中每个节点里包含的量子比特个数。

2. 量子门调整策略

文中设计的旋转角选择调整策略如表 7-1 所示。首先从当前个体 x(航迹)中随机抽取一个基因 i，然后结合该基因量子比特 $[\alpha_{i,j}, \beta_{i,j}]^T$ 及其观察值 x_i，比较当前个体 x 和当前最优个体 b 的适应度函数值来确定量子门旋转方向，旋转角步长 $\Delta\theta_i$ 的取值按照式(7-17)执行。

表 7 - 1　量子旋转门查找策略

x_i	b_i	$f(x) \geqslant f(b)$	θ	$\alpha, \beta > 0$	$\alpha, \beta < 0$	$\alpha = 0$	$\beta = 0$
0	0	true/false	0	0	0	0	0
0	1	false	0	0	0	0	0
0	1	true	$\Delta\theta_i$	-1	$+1$	± 1	0
1	0	false	$\Delta\theta_i$	-1	$+1$	± 1	0
1	0	true	$\Delta\theta_i$	$+1$	-1	0	± 1
1	1	true /false	$\Delta\theta_i$	$+1$	-1	0	± 1

3. 基于自适应量子免疫克隆算法的航迹规划

归纳起来，基于自适应量子免疫克隆算法的航迹规划步骤如下：

Step1：航迹量子编码及初始化。$k=0$，初始化量子编码种群 $A(0)$，设定算法参数。

Step2：亲和度评价。基于亲和度，选择最佳的 m 个抗体的记忆集 Am，其余的适应度低的进入规模为 r 的集合 Ar。

Step3：检查是否满足终止条件，若是，终止；否则转到 Step4，进入下一次迭代。

Step4：免疫克隆操作。对记忆集 Am 里的每个抗体进行免疫克隆操作，对每个抗体克隆的结果组成一个集合 T'_i，克隆个体的规模 N 与父体的亲和度成正比。

Step5：免疫基因操作。对克隆后的子群体内部进行观测熵的度量，并进行自适应的量子更新操作，生成种群 T''_i。

Step6：克隆选择操作。对集合 T''_i 中的抗体重新进行适应度评价，选择集合 T''_i 中合适抗体代替父体进入集合 Am 或保留父体，形成新的记忆集。

Step7：免疫死亡操作。模拟生物克隆选择中一定比例的 B 细胞自然消亡的过程，将抗体集合 Ar 淘汰部分适应度低的抗体，补充加入同数量随机产生的新抗体，以保持抗体的多样性。

Step8：抗体更新。更新抗体集合 $A=Am+Ar$，返回 Step2。

4. 基于 AQICA 算法的航迹规划仿真试验与分析

初始条件设定：规划范围为 1024 km×1024 km 的矩形区域，数字地图分辨率为 1 km，因此规划区域可等效为 1024×1024 的网格，发射点坐标(10，10)，目标点坐标为(1000，1000)，威胁源 12 个，用 $T(x, y, R)$ 表示，(x, y) 表示威胁源的中心位置坐标，R 为威胁源的有效半径，12 个威胁源的参数分别为 T1(154、264、75)、T2(307、563、60)、T3(369、159、105)、T4(522、870、120)、T5(563、491、35)、T6(655、666、60)、T7(788、451、105)、T8(901、922、60)、T9(225、901、130)、T10(400、512、40)、T11(563、190、75)、T12(921、665、90)。横坐标 x、纵坐标 y 分别用 10 位二进制数表示，航迹点个数为 12。最小直线段航迹长度 $l_{\min}=8$ km，最大转弯角 $\Phi_{\max}=pi/4$。

采用基于自适应量子免疫克隆算法的航迹规划最优航迹结果如图 7 - 5 所示。图 7 - 6

是基于自适应量子免疫克隆算法的航迹规划过程最优个体和种群平均代价值的变化曲线。从图 7-5 中可以看出，规划出的航迹路程短，并且满足最大转弯角度、最小航迹长度等要求航迹可行。

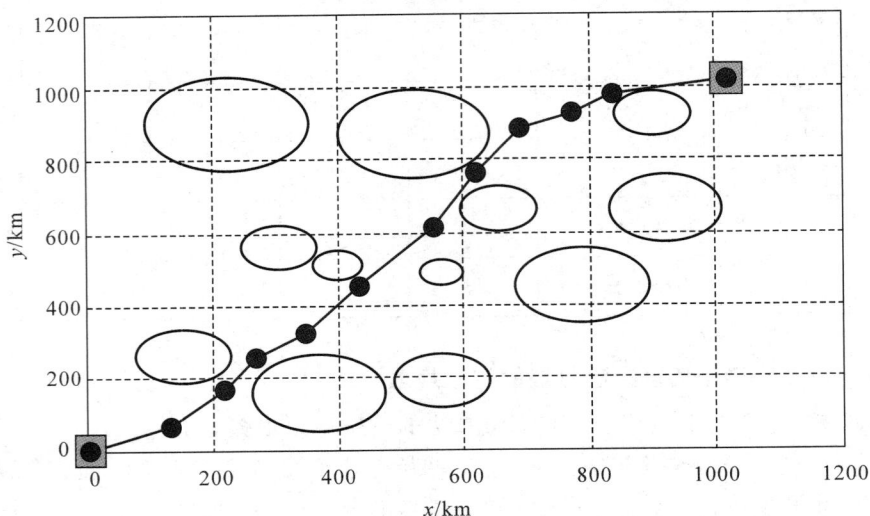

图 7-5　基于自适应量子免疫克隆算法的航迹规划效果图

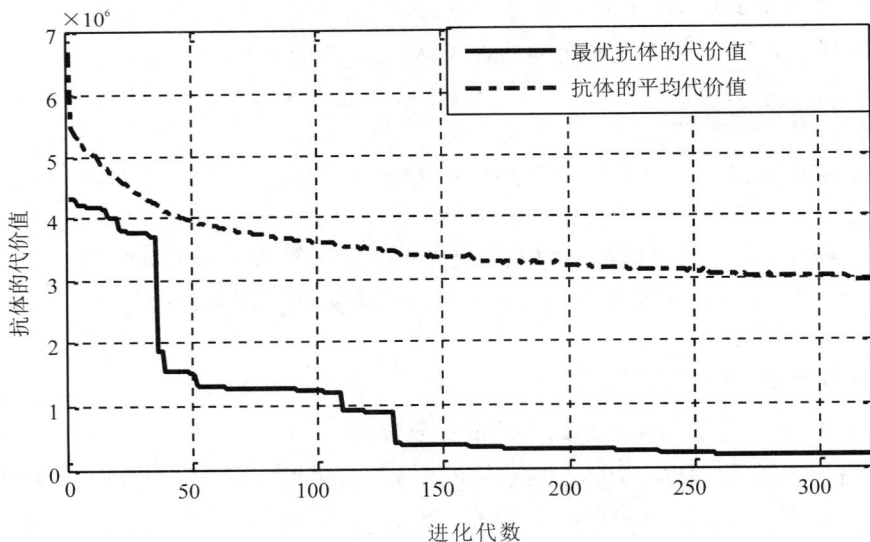

图 7-6　基于自适应量子免疫克隆算法的航迹规划代价值变化曲线

　　图 7-7 是将自适应量子免疫克隆算法与免疫克隆算法分别进行航迹规划的综合比价图。从图中可以看出，自适应量子免疫克隆算法在第 200 代左右已经开始收敛，而免疫克隆算法必须在 300 代以后才能收敛，自适应量子免疫克隆算法的收敛速度明显快于免疫克隆算法的，并且采用自适应量子免疫克隆算法收敛后的抗体代价值比免疫克隆算法收敛后的抗体代价值小，求解精度更高。

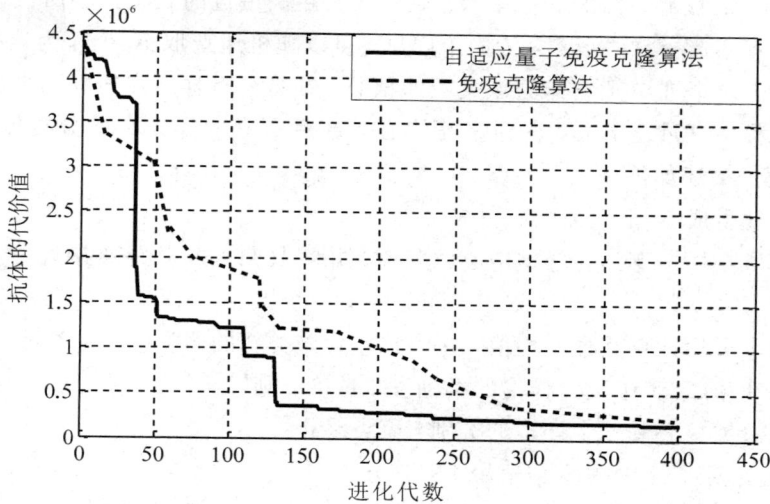

图 7 - 7　两种算法航迹规划进化过程比较图

7.4　基于 AQICA 算法的 UAV 协同航迹规划

根据 7.1.1 节协同航迹规划策略分析，文中预先协同航迹规划采用"三层六步"的规划策略，"三层"即协同管理层、航迹规划层和航迹平滑层，"六步"即单架 UAV 多航迹规划，协同编组，计算各条航迹的时间集合和各种可行的航迹组合，计算各种可行组合的编队代价，确定航迹组合和协同到达时间，航迹平滑。文中根据上述规划策略，结合 AQICA 航迹规划算法，首先对单架 UAV 多航迹规划问题进行研究，然后根据上述步骤再进行协同航迹规划的研究。

7.4.1　基于 AQICA 算法的单架 UAV 多航迹规划

自适应量子免疫克隆算法（AQICA）在迭代过程中，会产生很多可行航迹个体，而这些个体在空间位置上并不一样。如果能保存多个较优的航迹个体，那么就相当于规划出了多条可替换的航迹。但在规划过程中，随着进化次数的增多，航迹个体都会逐渐向最优个体靠拢，在航线上表现为个体航迹聚集在一起。而这对单架 UAV 多航迹规划问题的解决是不利的，因为可选择的航迹聚集在一起，相互之间的差异性不大，不利于求取协同变量。理想的情况是第二、第三等次优航迹在规划空间上分布离散化和空间分布均匀，不聚集在一起。因此，在为单架 UAV 规划多条航迹时，可考虑在自适应量子免疫克隆算法搜索进化的过程中采用航迹聚类算法，使得规划后的航迹在空间上具有一定的差异性。文中采用应用广泛的 K 均值聚类算法，在进化过程中，每隔 M 代就将种群中的航迹个体按其空间分布进行一次聚类，生成若干个子种群，航迹个体只在各自的子种群中进化。在进化结束时，每个子种群将各自分别生成一条最优航迹，从而生成了 K 条可选的航迹。

1. 多航迹 K 均值聚类

在 K 均值聚类中，首先需要对样本进行初始划分（分类）。一般的做法是先选择 K 个代表点作为聚类的核心，再将所有样本点归入与其距离最近的聚类核心所代表的那一类中去。初始代表点的选择方法很多，为简单起见，可以随机地选取 K 个作为聚类核心。然后计算每一类的样本均值，把它作为该类新的核心，并将所有样本点按新的聚类核心重新进行划分。该过程一直重复下去，直到聚类核心更新后所有的样本点的分类保持不变为止。具体的聚类算法描述如下：

(1) 随机地生成 K 个聚类中心；

(2) 计算所有样本点到各聚类中心的距离，并将其归入与其距离最近的聚类中心所代表的那一类；

(3) 对每一类均计算其样本均值，并将它作为该类新的聚类中心；

(4) 如果在第(2)步中某一样本的类别发生改变，则转至第(2)步；

(5) 返回聚类核心和各个样本的类别，聚类终止。

针对航迹规划过程中的 K 均值聚类，其方法如下。

由于不同的航迹的节点数和节点位置差异较大，因此不能用航迹节点作为特征对航迹进行聚类。文中根据航迹的长度将航迹 n 等分，取等分点作为航迹的特征点，对各个航迹等分点之间距离的均值作为航迹间距离进行聚类分析。这里 n 如果取得太大，则会增加聚类的计算量；如果取得太小，则不能反映航迹的空间位置，影响聚类效果。部分文献表明，n 的值大于 8 即可获得较好的聚类效果。文中 n 值取为 8，将各对应等分点间距离的平均值作为航迹间的距离进行聚类，具体过程如下：

(1) 从航迹集合 $\{p_1, p_2, \cdots, p_N\}$ 中随机选择 k 条航迹 $\{c_1, c_2, \cdots, c_k\}$ 作为 k 个聚类集合的中心点。

(2) 以 $\{c_1, c_2, \cdots, c_k\}$ 为中心点进行集合划分，划分原则是：

如果 $\| p_i - c_j \| < \| p_i - c_m \|$，$j = 1, 2, \cdots, k$；$m = 1, 2, \cdots, k$；$j \neq m$，则把 p_i 划分到集合 G_j 中。

(3) 根据各集合中的点计算新的中心点 $\{c_1^*, c_2^*, \cdots, c_k^*\}$

$$c_i^* = \frac{1}{n_i} \sum_{x_j \in G_j} x_j \quad (i = 1, 2, \cdots, k) \tag{7-19}$$

其中，c_i^* 为各航迹集合的中心位置，n_i 为 G_j 中点的个数。

(4) 如果 $c_i^* = c_i$，$i = 1, 2, \cdots, k$，则计算结束，当前中心点为聚类划分的结果；否则，令 $c_i^* = c_i$，返回步骤(2)。

本书通过迭代搜索聚类划分结果，为防止步骤(4)中的终止条件不能满足而出现的无限循环，通常在算法执行时给出一个固定的最大迭代次数。

2. 多航迹规划步骤

文中将 K 均值聚类算法和自适应量子免疫克隆算法（AQICA）方法结合起来，通过将航迹个体进行聚类，生成 K 个子种群。在进化过程中，所有个体只是在各自的子种群内部进化，进化到一定代数以后，将所有子种群合并，然后重新进行聚类。如此循环，直至各子种群的最优个体不再提高位置。在进化结束时，每个子种群将各自分别生成一条最优航迹，从而为飞行器生成 K 条可选的航迹。

采用和7.3节相同的基因编码方式、量子门调整策略和评价函数,结合 K 均值聚类算法和自适应量子免疫克隆算法,单架 UAV 的多航迹规划的流程如图7-8所示。

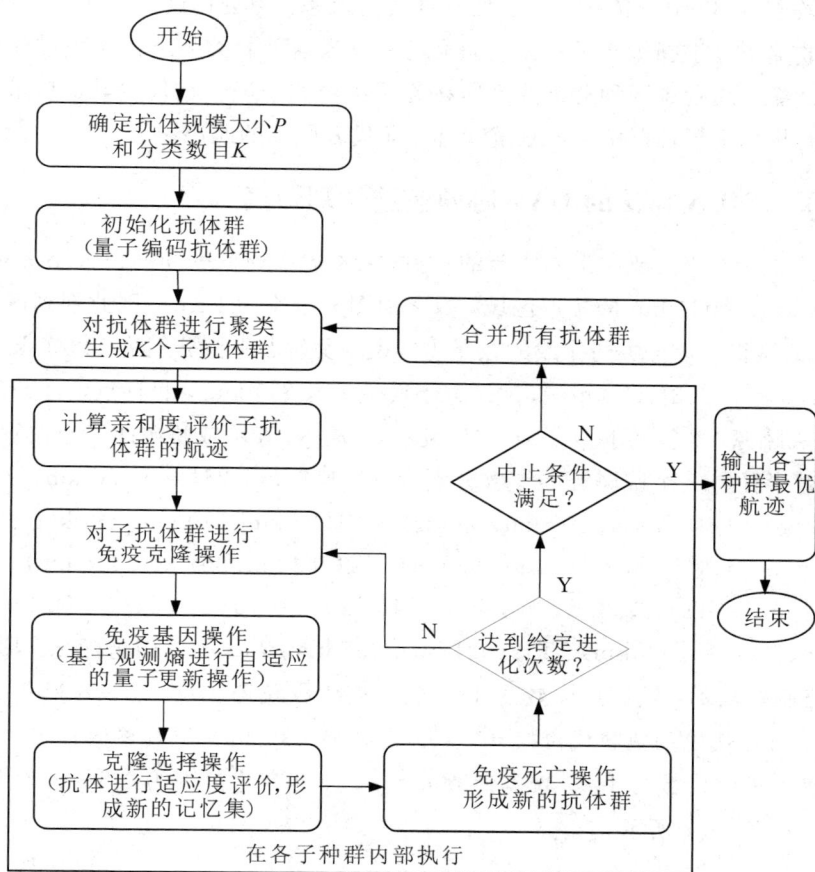

图7-8 单枚的多航迹规划流程图

在上述算法中,每个抗体代表一条航迹,它由一系列航迹节点构成,航迹节点之间用直线段连接。在初始化时,系统为随机地生成 P 条航迹组成初始抗体群(初始生成的航迹可以是不可行的)。由于初始抗体群是随机生成的,因此每个个体的节点数和节点的坐标都是随机的。抗体的最大长度,即航迹中节点的最大数目由系统预先确定。生成初始抗体群以后,根据航迹在空间中的分布利用 K 均值聚类算法对种群进行聚类,形成 K 个子种群,对每个子种群中的所有个体进行航迹评价。初始化时需要注意两个方面的问题:

(1) K 值的选取。K 值的选取首先要考虑满足规划任务的需求,它取决于需要生成的航迹数目。同时航迹的数目要与规划环境相适应,当规划环境范围较小而要求生成航迹的数目较多时,将会有多条航迹聚集在一起,达不到多航迹规划的目的。因此,在利用上述算法进行多航迹规划时,如果生成的航迹出现多条聚集在一起的情形,则应考虑适当减小 K 的取值。

（2）P 值的选取。多航迹规划首先需要保持种群的多样性，当 P 的取值较小时将达不到这一目的；然而当 P 的取值太大时，又会增加计算量，影响收敛速度。实验表明，当每个子种群平均包含 30 个个体时，可达到较理想的效果。当进化过程迭代到一定次数之后，将所有子种群合并，重新聚类后再进行进化迭代。当这种聚类—进化迭代过程进行到预先给定的最大次数，或者各子种群最优个体在若干次聚类—进化迭代中其适应值不变，则进化过程终止。从每个子种群中取出最优个体，即代表所求的航迹。

7.4.2　基于 AQICA 算法的 UAV 协同航迹规划仿真

初始条件设定与 7.3 节中第 4 小节的一致（主要指规划范围和网格大小等条件），规划范围为 1024 km×1024 km 的矩形区域，数字地图分辨率为 1 km，因此规划区域可等效为 1024×1024 的网格，参与协同作战的数量为 4 发，发射点坐标分别为 S1(45 km，50 km)、S2(50 km，250 km)、S3(100 km，450 km)、S4(30 km，850 km)，目标点坐标为 T(1000 km，1000 km)，威胁源 12 个，用 T(x，y，R)表示，(x，y)表示威胁源的中心位置坐标，R 为威胁源的有效半径，12 个威胁源的参数分别为 T1(154 km、264 km、80 km)、T2(307 km、563 km、40 km)、T3(369 km、159 km、95 km)、T4(522 km、870 km、130 km)、T5(563 km、491 km、35 km)、T6(655 km、666 km、65 km)、T7(788 km、451 km、115 km)、T8(901 km、922 km、65 km)、T9(225 km、901 km、140 km)、T10(400 km、512 km、40 km)、T11(563 km、190 km、65 km)、T12(921 km、665 km、70 km)。横坐标 x、纵坐标 y 分别用 10 位二进制数表示，航迹点个数为 12。最小直线段航迹长度 $l_{min}=8$ km，最大转弯角 $\Phi_{max}=pi/4$，航程代价和威胁代价权 w1=0.7，w2=0.3。相关仿真参数设置为：抗体群大小为 100，最大进化代数为 400，聚类参数 $K=3$，速度变化范围为 0.5～0.72 Ma。仿真结果如图 7-9 和表 7-2 所示。

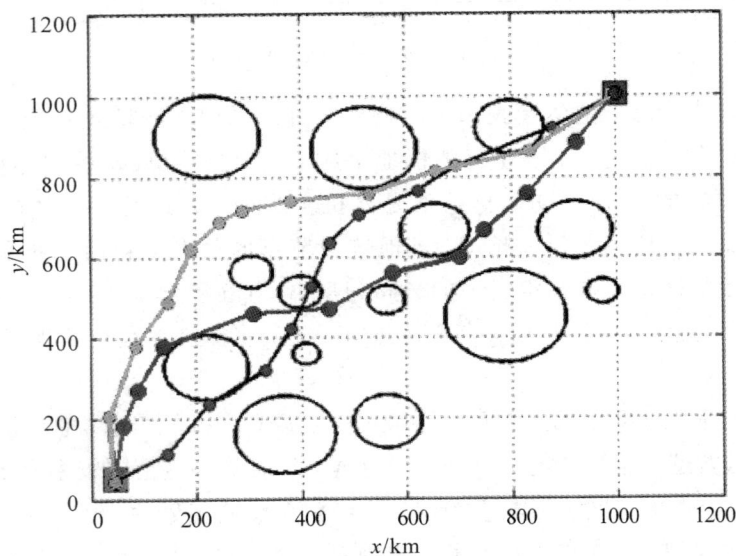

(a) 发射点 1 到目标点的多航迹规划

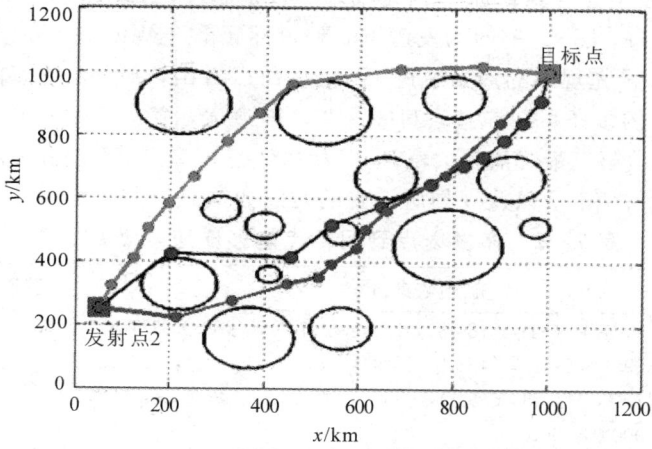

(b) 发射点2到目标点的多航迹规划

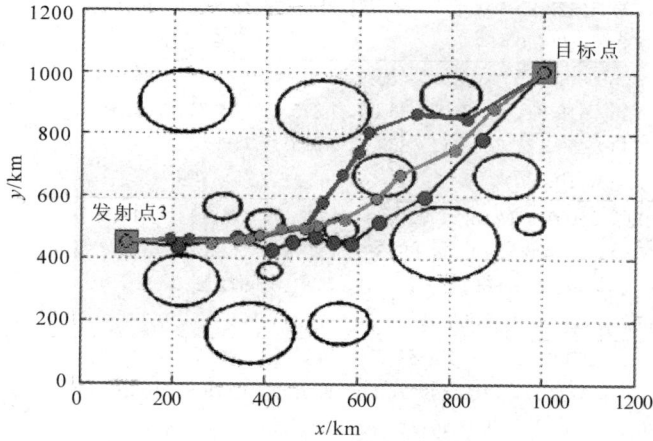

(c) 发射点3到目标点的多航迹规划

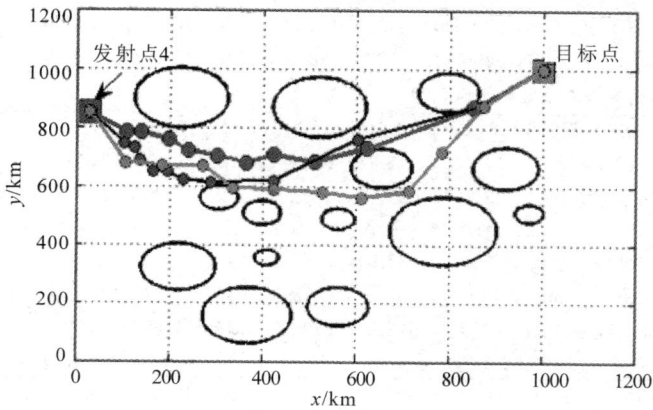

(d) 发射点4到目标点的多航迹规划

图 7-9　各发射点到目标点规划的多条航迹示意图

图 7-9(a)为发射点 1 到目标 T 预先规划的多条航迹，图 7-9(b)为发射点 2 到目标 T 预先规划的多条航迹，图 7-9(c)为发射点 3 到目标 T 预先规划的多条航迹，图 7-9(d)为发射点 4 到目标 T 预先规划的多条航迹。从图中可以看出，各个发射点能够较好地规划出发射点到达目标点的多条可行航迹，其中深灰色航迹表示第一最优航迹，黑色表示第二最优航迹，浅灰色表示第三最优航迹。表 7-2 为发射点 1、2、3、4 到目标点 T 规划的多条航迹数据和相应的代价值表，以及规划所需要的时间数据。

表 7-2　多发射点到目标点的多航迹规划数据表

		航迹数据/km	航迹代价	规划时间/s
发射点 1 至目标 T	航迹 1	(45，50)，(61.1，180.3)，(89.1，267.2)，(139.3，377.6)，(309.9，459.1)，(453.3，69.9)，(576.5，559.4)，(702.3，597.6)，(748.3，663.4)，(830.7，754.6)，(925.0，882.3)，(1000.0，1000.0)	1.0269×10^3	90.680
	航迹 2	(45，50)，(145.7，111.5)，(224.5，233.9)，(331.4，317.2)，(382.6，420.8)，(420.1，523.6)，(455.8，634.3)，(512.3，703.3)，(623.7，764.1)，(695.8，825.5)，(880.7，918.1)，(1000.0，1000.0)	1.0629×10^3	
	航迹 3	(45，50)，(35.5，206.3)，(86.5，375.6)，(146.8，485.2)，(192.5，619.8)，(247.4，686.0)，(290.7，714.3)，(383.1，739.4)，(530.7，756.9)，(658.1，813.0)，(837.1，859.7)，(1000.0，1000.0)	1.0689×10^3	
发射点 2 至目标 T	航迹 1	(50.0，250.0)，(213.2，222.3)，(332.1，275.4)，(449.0，327.5)，(514.6，349.5)，(543.3，390.5)，(593.6，439.4)，(614.3，499.3)，(657.2，560.8)，(781.0，672.2)，(897.9，839.7)，(1000.0，1000.0)	918.6440	104.374
	航迹 2	(50.0，250.0)，(201.6，423.3)，(455.4，411.7)，(543.0，515.7)，(646.7，575.4)，(750.6，645.2)，(819.9，703.6)，(862.7，731.7)，(907.1，783.0)，(944.6，840.7)，(982.4，911.7)，(1000.0，1000.0)	929.7147	
	航迹 3	(50.0，250.0)，(76.8，319.5)，(123.0，409.8)，(154.2，504.0)，(196.3，579.6)，(249.0，663.3)，(318.0，776.0)，(387.6，869.1)，(456.8，960.8)，(686.0，1010.5)，(859.7，1018.6)，(1000.0，1000.0)	961.6405	
发射点 3 至目标 T	航迹 1	(100.0，450.0)，(234.7.6，458.5)，(342.2，456.1)，(387.0，468.9)，(485.5，491.9)，(524.8，577.6)，(567.0，666.1)，(602.1，739.9)，(622.6，803.5)，(726.7，803.5)，(837.0，846.5)，(1000.0，1000.0)	833.6815	102.762
	航迹 2	(100.0，450.0)，(213.6，432.0)，(340.9，462.0)，(413.3，422.0)，(460.0，450.7)，(508.5，467.9)，(549.4，448.1)，(586.1，443.9)，(647.0，512.9)，(744.8，595.5)，(868.9，782.4)，(1000.0，1000.0)	850.9151	
	航迹 3	(100.0，450.0)，(195.9，458.5)，(284.5，445.8)，(368.1，456.0)，(435.9，490.4)，(511.9，500.3)，(571.8，522.3)，(640.7，587.6)，(691.3，666.9)，(808.5，747.0)，(892.5，877.5)，(1000.0，1000.0)	880.0400	

续表

	航迹数据/km		航迹代价	规划时间/s
发射点4至目标T	航迹1	(300，850.0)，(109.6，784.5)，(140.4，784.3)，(199.2，761.1)，(240.7，722.8)，(303.2，705.7)，(365.1，682.3)，(424.9，707.7)，(510.1，684.7)，(623.0，731.1)，(853.4，869.4)，(1000.0，1000.0)	787.4231	100.863
	航迹2	(300，850.0)，(102.1，747.6)，(125.9，732.9)，(136.3，690.4)，(164.3，652.4)，(196.9，651.0)，(229.6，621.4)，(289.6，615.4)，(422.7，621.3)，(603.6，761.6)，(869.8，877.4)，(1000.0，1000.0)	848.7554	
	航迹3	(300，850.0)，(106.2，681.3)，(185.5，672.9)，(270.4，672.7)，(336.3，596.1)，(423.2，592.9)，(529.6，582.9)，(612.3，564.3)，(713.4，583.4)，(784.7，718.4)，(875.6，875.2)，(1000.0，1000.0)	939.6669	

表 7-3 为多发射点到目标点的到达时间区间表。

表 7-3　多发射点到目标点的到达时间区间表

		航迹长度/km	速度变化范围/(m·s⁻¹)	飞行时间范围/s
发射点1至目标T	航迹1	1467	$197.2 \sim 238$	$6163.9 \sim 7439.1$
	航迹2	1405.4	$197.2 \sim 238$	$5905.5 \sim 7127.3$
	航迹3	1527	$197.2 \sim 238$	$6416.0 \sim 7743.4$
发射点2至目标T	航迹1	1312.3	$197.2 \sim 238$	$5513.9 \sim 6654.7$
	航迹2	1314	$197.2 \sim 238$	$5521.0 \sim 6663.3$
	航迹3	1373.8	$197.2 \sim 238$	$5772.3 \sim 6966.5$
发射点3至目标T	航迹1	1185.6	$197.2 \sim 238$	$4981.5 \sim 6012.2$
	航迹2	1215.6	$197.2 \sim 238$	$5107.6 \sim 6164.3$
	航迹3	1135.6	$197.2 \sim 238$	$4771.4 \sim 5758.6$
发射点4至目标T	航迹1	1124.9	$197.2 \sim 238$	$4726.5 \sim 5704.4$
	航迹2	1212.5	$197.2 \sim 238$	$5094.5 \sim 6148.6$
	航迹3	1342.4	$197.2 \sim 238$	$5640.3 \sim 6807.3$

飞行速度指标设计为 0.5～0.72 Ma(马赫)，为了保持一定的调节裕量，达到安全、高可靠的飞行效果，文中根据经验值将巡航飞行速度调节范围设定为 0.58～0.7 Ma。

图 7-10 所示为各发射点到目标点的多航迹飞行时间范围，图中所示为 4 架 UAV 从 4 个不同的发射点到达目标的时间交集为 $[T_{\min}, T_{\max}]$。

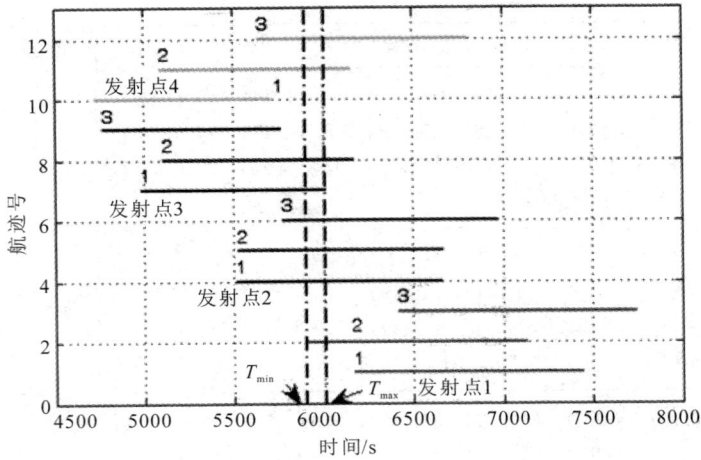

图 7-10　各发射点到目标点的多航迹飞行时间范围

表 7-4 为发射点 1、2、3、4 到目标点 T 规划的多条航迹组合的协同时间交叉区间列表及协同航迹代价表，其中代价最小的航迹组合为发射点 1 选择航迹 2，发射点 2 选择航迹 1，发射点 3 选择航迹 1，发射点 4 选择航迹 2，最小编队综合航迹代价为 3664.0，协同时间交叉区间为 $[5905.5, 6012.2]$。

表 7-4　多发射点到目标点的到达时间区间表

存在交叉区间的航迹组合				协同时间交叉区间	协同航迹代价
发射点 1	发射点 2	发射点 3	发射点 4	$[T_{min}, T_{max}]$	
1	1	2	3	$[6163.9, 6164.3]$	3736.1
1	2	2	3	$[6163.9, 6164.3]$	3747.2
1	3	2	3	$[6163.9, 6164.3]$	3779.1
2	1	1	2	$[5905.5, 6012.2]$	3664.0
2	1	1	3	$[5905.5, 6012.2]$	3754.9
2	1	2	2	$[5905.5, 6148.6]$	3681.2
2	1	2	3	$[5905.5, 6164.3]$	3772.1
2	2	1	2	$[5905.5, 6012.2]$	3675.1
2	2	1	3	$[5905.5, 6012.2]$	3766.0
2	2	2	2	$[5905.5, 6148.6]$	3692.3
2	2	2	3	$[5905.5, 6164.3]$	3783.2
2	3	1	2	$[5905.5, 6012.2]$	3707.0
2	3	1	3	$[5905.5, 6012.2]$	3797.9
2	3	2	2	$[5905.5, 6048.6]$	3724.2
2	3	2	3	$[5905.5, 6164.3]$	3815.1

为了增加航迹之间协同冗余性，编队的协同时间 ETA 为

$$Time\_ETA = 0.5 \times (5905.5 + 6012.2) = 5958.9$$

　　表 7-5 为编队协同航迹规划结果相关的信息，包括协同时间变量、协同函数代价和各架 UAV 所选择的航迹及代价值。协同航迹规划的直观显示效果如图 7-11 所示。

表 7-5　编队协同航迹规划结果

编队协同到达时间 ETA=5958.9 s，协同函数代价为 3664					
发射点	航迹 标号	航迹数据	航迹长度 /km	航迹 代价	飞行速度 /(m·s⁻¹)
发射点 1 至目标 T	航迹 2	(45, 50), (145.7, 111.5), (224.5, 233.9), (331.4, 317.2), (382.6, 420.8), (420.1, 523.6), (455.8, 634.3), (512.3, 703.3), (623.7, 764.1), (695.8, 825.5), (880.7, 918.1), (1000.0, 1000.0)	1405.4	1062.9	235.8
发射点 2 至目标 T	航迹 1	(50.0, 250.0), (213.2, 222.3), (332.1, 275.4), (449.0, 327.5), (514.6, 349.5), (543.3, 390.5), (593.6, 439.4), (614.3, 499.3), (657.2, 560.8), (781.0, 672.2), (897.9, 839.7), (1000.0, 1000.0)	1312.3	918.6	220.2
发射点 3 至目标 T	航迹 1	(100.0, 450.0), (234.7.6, 458.5), (342.2, 456.1), (387.0, 468.9), (485.5, 491.9), (524.8, 577.6), (567.0, 666.1), (602.1, 739.9), (622.6, 803.5), (726.7, 803.5), (837.0, 846.5), (1000.0, 1000.0)	1185.6	833.7	198.9
发射点 4 至目标 T	航迹 2	(300, 850.0), (102.1, 747.6), (125.9, 732.9), (136.3, 690.4), (164.3, 652.4), (196.9, 651.0), (229.6, 621.4), (289.6, 615.4), (422.7, 621.3), (603.6, 761.6), (869.8, 877.4), (1000.0, 1000.0)	1212.5	848.8	203.4

　　图 7-11 为协同航迹规划的效果图。如图中所示，从各发射点规划好的多条航迹中，选择满足协同作战要求的最优航迹作为各个发射点到目标点的使用航迹。

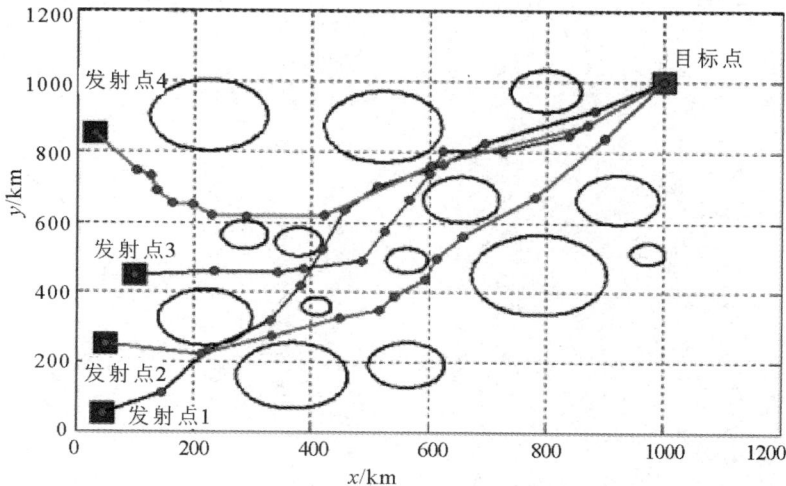

图 7-11　巡航导弹编队协同航迹规划效果图

　　上述仿真实例采用的是"齐发齐落"的攻击策略，即要求各个发射点的同时发射并同时到达目标，但是由于战场环境的差异，发射点到目标点的位置差异，各个发射点规划的多条航迹之间可能不存在协同时间交叉区间，即无法得到协同时间变量，这种情况下可考虑采用调整部分发射时间窗口的方法来实现。

　　从前面一系列数据和图表可以观察出，所研究的协同航迹规划方法能够较好地适应人在回路协同作战的需要。文中所采用的自适应量子免疫算法具有规划速度快、规划效果好的优点；同时，基于此算法研究的单架 UAV 多航迹规划的结果具有航迹之间的差异性明显、代表性较好的特点；文中所研究的协同航迹规划策略也能够很好地规划出满意的协同航迹，航迹之间的协同性较好，对协同攻击方法提供了技术支持。

本 章 小 结

　　本章首先确立了多 UAV 集群协同航迹规划的思想，分析了协同航迹规划的策略，给出了协同航迹规划的流程和主要步骤。针对传统的单架 UAV 航迹规划问题，提出了基于自适应量子免疫克隆选择算法的航迹规划方法。该方法利用表征量子叠加态的量子比特对航迹进行编码，采用了具有量子特性的量子门变异调整策略，引入量子观测熵的概念对进化程度进行度量，提出了基于量子观测熵的自适应量子更新策略，为单架 UAV 的航迹规划提供一种新的思路。针对多航迹规划问题，将 K 均值聚类方法引入到自适应量子免疫克隆算法中，实现同一发射点到目标点的多条具有空间差异性的可行航迹的规划。仿真试验结果表明，文中提出的方法具有良好的种群多样性，能够有效地提高算法的空间搜索能力。

第 8 章　多 UAV 集群可控攻击在线即时协同航迹规划方法

第 7 章讨论的预先协同航迹规划问题解决了多架 UAV 编队发射前的预先航迹规划问题，本章重点研究多 UAV 集群可控攻击在线即时协同航迹规划方法。首先根据多 UAV 集群可控攻击的作战特性，设计了多种多 UAV 集群可控攻击的典型在线作战样式，同时结合典型的作战样式，给出了各种作战样式下的在线即时协同航迹规划策略，并以 A* 算法为基础，结合航迹规划空间和航迹规划使用环境引进了几种改进策略，使之适应于多 UAV 集群可控攻击在线即时航迹规划的需要。最后通过一系列的仿真分析，验证了文中所提方法的可行性和有效性。

8.1　在线即时协同航迹规划问题描述

在线即时协同航迹规划是指 UAV 按照预先协同航迹飞行的过程中，针对战场临时出现的新情况，如突现威胁、突现高价值时敏目标等，在线动态地对各架 UAV 进行航迹调整，同时保证多 UAV 之间的航迹协同要求。因此，在线即时协同航迹规划重点突出以下三个问题。

（1）航迹规划的快速性。在线航迹规划主要用于实现 UAV 飞行中航迹的调整，因此，航迹重规划必须在接收到任务变更指令后的短时间内完成，然后通过卫星数据链将调整后的新航迹发送到 UAV 上。通常对于此类飞行任务的在线航迹规划时间要求在分钟级别，具体规划时间指标要求与任务变更类型、规划区域、冗余时间等多种因素相关。

（2）航迹规划与任务变更类型密切相关。常规的 UAV 航迹规划主要规划一条从发射点到目标点，能够满足战术要求、威胁程度最小、生存概率最大、突防能力最强的航迹，但文中多 UAV 集群可控攻击协同攻击作战背景下的在线即时协同航迹规划不仅要求航迹满足基本型 UAV 航迹规划的约束条件，而且要求航迹规划的效果与任务变更类型密切相关，比如盘旋待机航迹、威胁规避航迹等。

（3）在线即时航迹之间的协同性要求。UAV 编队作战的最终目的是实现对某目标的协同攻击，当编队中的一部分 UAV 进行航迹变更后，相互间已不能满足协同作战要求，这时要求编队中 UAV 也进行相应的航迹调整，以实现协同攻击。因此，在线即时航迹规划需要考虑多 UAV 之间的协同性要求。

根据上述分析，在线即时协同航迹规划首先要根据作战任务和任务重规划结果确定在线协同航迹调整策略，然后结合在线协同航迹调整策略进行相应的航迹重规划。在线即时协同航迹规划的主要流程如图 8-1 所示。

动态战场
（突现威胁、突现高价值时敏目标）

任务重规划指令

在线
航迹
协同
规划
策略

UAV-1：在线航迹调整策略

UAV-2：在线航迹调整策略

UAV-N：在线航迹调整策略

技术基础：在线即时航迹规划快速算法

在线即时协同航迹规划结果

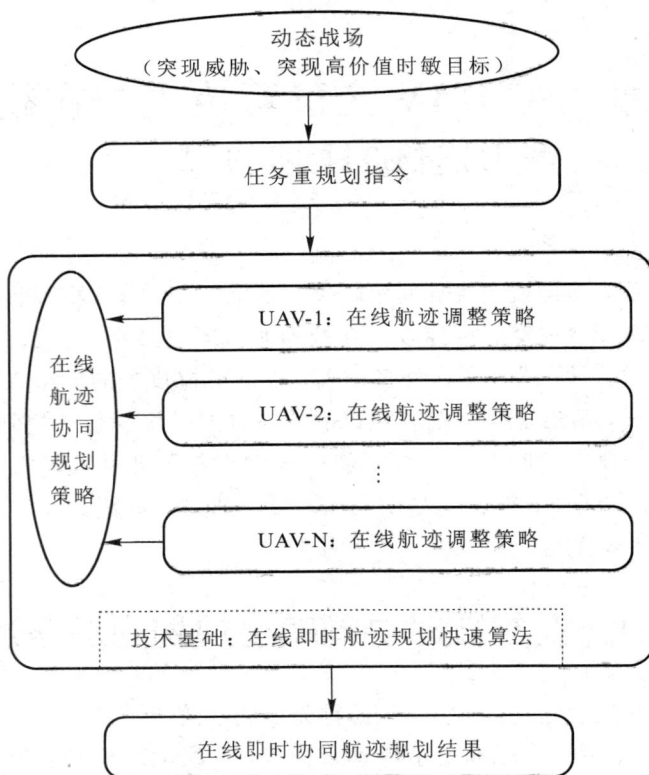

图 8-1　在线即时协同航迹规划主要流程图

8.2　典型多 UAV 集群可控攻击作战样式下的航迹在线调整策略

本节内容主要包括三个方面：多 UAV 集群可控攻击在线调整样式、典型作战模式下的航迹模式、在线即时协同航迹规划流程与规划策略。在实际作战过程中，随着作战进程的持续，战场经常会突然出现各种新的威胁，多 UAV 集群需要进行即时更新航迹规划以及进行合理的规划策略，多 UAV 集群典型作战样式与航迹模式则为新的航迹规划提供了依据。

8.2.1　多 UAV 集群可控攻击在线调整样式

根据多 UAV 集群可控攻击所具备的能力和应用环境，可将在线调整作战样式分为突现威胁规避、攻击目标变更、协同时间调整三种。需要注意的是这三种样式并非独立的，相互之间存在一定的耦合关系，在一次作战过程中，也可能同时出现多种样式。下面分别对这三种作战样式进行说明。

1. 突现威胁规避作战样式

UAV 在实际作战过程中，随着作战进程的持续，战场经常会突然出现各种新的威胁，如敌防空阵地、高炮阵地、机动雷达、机动反导车等，为提高综合作战效能，UAV 必须对上述威胁进行规避。结合多 UAV 集群可控攻击的新能力，对于此类突现威胁主要有以下两种处理方式。

首先对威胁进行评估，然后根据威胁价值的大小，决定直接打击还是威胁规避。

（1）如果进行威胁规避，则重新规划新航迹，从威胁的两侧或上空进行突防。新航迹的规划分为两种情况，一种是从威胁的两侧进行突防，即从当前航迹规划的某一分叉点开始规划一段新航迹，绕过新威胁，然后回到默认航迹；另一种是针对突现的高大建筑等非探测性或攻击性威胁，采用垂直平面内 UAV 爬升等措施进行突防。通常采用从两侧进行威胁规避，因为从上空突防易增加 UAV 被发现的概率。威胁规避作战样式的示意如图 8 - 2 所示。

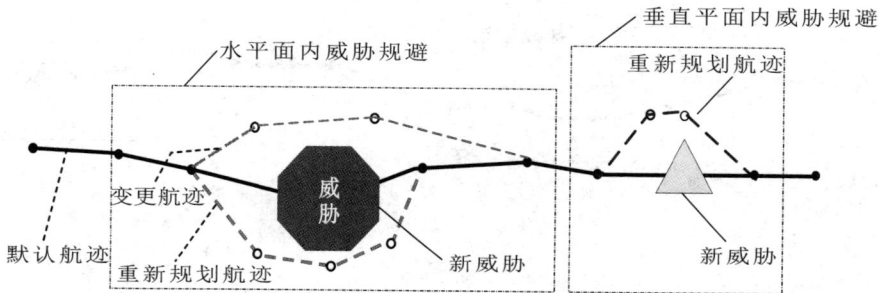

图 8 - 2　威胁下 UAV 突防方法示意图

（2）如果直接打击该威胁，则作战模式变为攻击目标变更作战样式。

2. 攻击目标变更作战样式

多 UAV 集群可控攻击目标变更作战样式有两种方式，第一种方式是针对事先完全未知的突现高价值时敏（时间敏感性）目标，第二种方式是针对机上预先装载的灵活目标。

在作战过程中，战场上往往会突然出现时间敏感性强的高价值目标，如敌方军政核心领导层、平时隐蔽的战略力量部署阵地或机动战略力量等，如果重新发射 UAV，战机则可能延误，而多 UAV 集群可控攻击具有飞行中目标重新瞄准能力，使得实时打击此类目标变为可能。此类目标需要在线进行航迹重规划。

由于多 UAV 集群可控攻击通常装载多个预定目标，当默认攻击目标已被摧毁后，通过数据链可为 UAV 选择新的预装定目标，但此类目标不需要在线进行航迹重规划。攻击目标变更作战样式的示意图如图 8 - 3 所示。

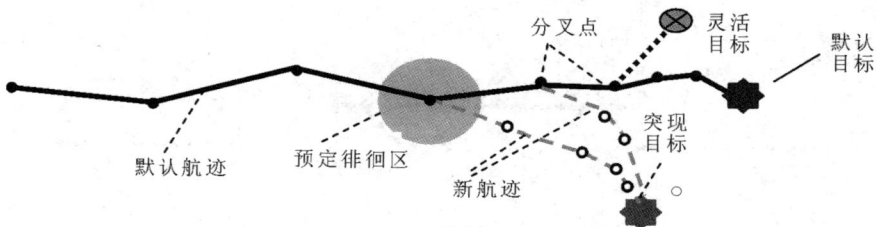

图 8 - 3　攻击目标变更作战样式的示意图

3. 协同时间调整作战样式

在协同作战中，为了达到最佳打击效果，有时需要更改 UAV 协同攻击时间，比如 UAV 编队中的某些弹在飞行过程中经过航迹调整后，整个编队的 ETA 时间发生了变化，又或者敌重要目标提前离开某地，需要提前攻击，上述情况就要求对飞行中的多架 UAV 到达目标的时间进行调整，即根据当前航迹的飞行时间与要求到达目标的时间的关系，进行相应地调整延时航迹或提前航迹规划。协同时间调整作战样式如图 8-4 所示。

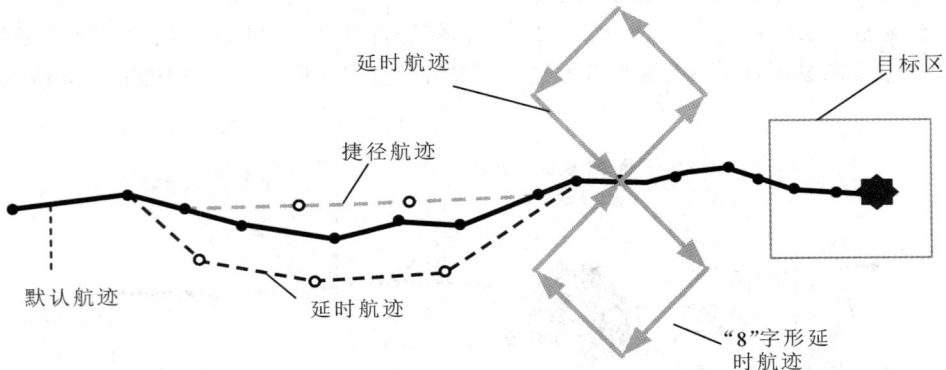

图 8-4　协同时间调整作战样式示意图

8.2.2　典型作战模式下的航迹模式

根据战场动态情况，在线调整作战样式的实现最终依赖于各种航迹模式来完成。本节参考美军 Block-IV 巡航导弹的在线航迹调整的航迹模式设计我国多 UAV 集群可控攻击的航迹模式，其典型航迹模式如图 8-5 所示。

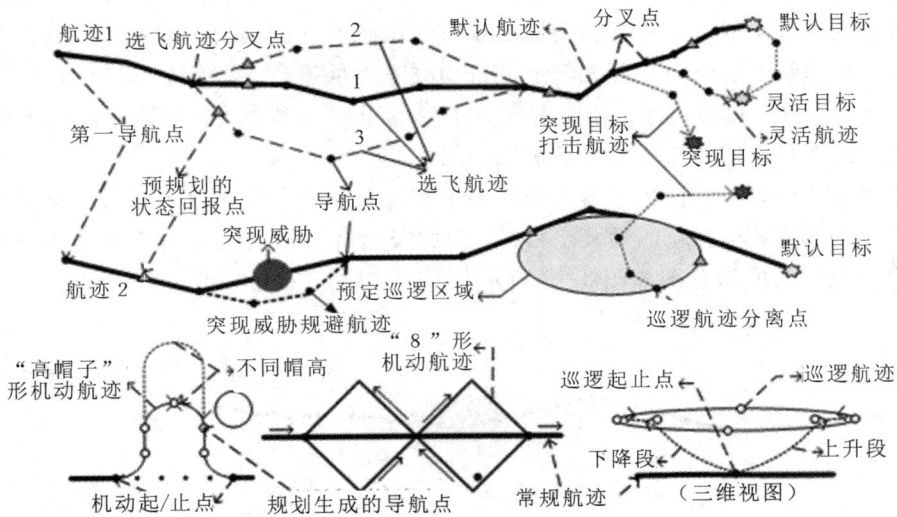

图 8-5　典型航迹模式示意图

如图 8-5 所示，多 UAV 集群可控攻击的航迹模式主要有以下几种。

（1）默认航迹—从发射点到默认目标点的预先规划航迹。

（2）灵活航迹—从默认航迹上的某个分叉点到某个灵活目标的预先规划航迹。

（3）突现目标打击航迹—飞行中 UAV 接收的即时航迹，从默认航迹上的某个分叉点到突现目标的航迹。

（4）突现威胁规避航迹—飞行中 UAV 接收的即时航迹，用于规避突现威胁，然后又回到默认航迹。

（5）巡逻航迹—巡逻航迹主要用于 UAV 战术巡逻待机飞行。

（6）"高帽子"形机动航迹—从当前航迹水平飞行段的某导航点开始，沿类似"高帽子"形状的水平机动航迹飞行，主要用于较短时间的延时飞行。

（7）"8"字形机动航迹—从当前航迹水平飞行段的某导航点开始，沿"8"字形航迹水平飞行一圈或数圈，最后折回原导航点（位于"8"字的中心）的水平机动航迹，主要用于较长时间的延时飞行。

（8）提前航迹—飞行中的 UAV 提前到达任务执行点的航迹。

（9）延时航迹—飞行中的 UAV 延迟到达任务执行点的航迹。

（10）选飞航迹—UAV 上装载的从默认航迹某分叉点到默认航迹上的某汇合点间的航迹（该航迹不同于默认航迹）。

上述航迹模式突破了基本型 UAV 单一而固定的航迹模式，提高了多 UAV 的灵活作战能力，增强了多 UAV 的飞行控制能力，但也增加了航迹规划的复杂性，主要表现在航迹类型多和航迹规划算法的实时性要求高。

8.2.3　在线即时协同航迹规划流程与规划策略

1. 典型作战样式与航迹模式的对应关系

根据上述对典型作战样式与航迹模式的分析，其对应关系如表 8-1 所示。

表 8-1　典型作战样式与航迹模式的对应关系表

典型作战样式	航迹模式	备注
突现威胁规避作战样式	（1）选飞航迹； （2）**突现威胁规避航迹**	选飞航迹预先已规划好，不需要即时规划；突现威胁规避航迹需要在线即时规划
攻击目标变更作战样式	（1）灵活目标航迹； （2）**突现目标攻击航迹**	灵活目标航迹预先已规划好，不需要即时规划；突现目标攻击航迹需要在线即时规划
协同时间调整作战样式	（1）**延时航迹，包括"高帽子"航迹、 "8"字形航迹**； （2）**提前航迹**	延时航迹和提前航迹都需要在线即时规划

从表 8-1 可以看出，航迹模式中的黑色粗体部分为需要进行即时在线航迹规划的内容，其余部分如灵活目标航迹、提前航迹、选飞航迹等都是在 UAV 发射前预先规划的航迹，不需要进行在线航迹规划。由上述分析可知，典型作战样式下需要进行在线协同航迹规划的航迹模式可细分为四类。

（1）突现威胁规避航迹。

（2）突现目标攻击航迹。

（3）延时航迹，包括"高帽子"形机动航迹、"8"字形机动航迹、圆形盘旋航迹。

（4）提前航迹。

其中，延时航迹和提前航迹同属于协同时间调整作战模式。

2. 在线即时协同航迹规划流程

突现任务状态下的在线即时协同航迹的一般规划流程如图 8-6 所示。

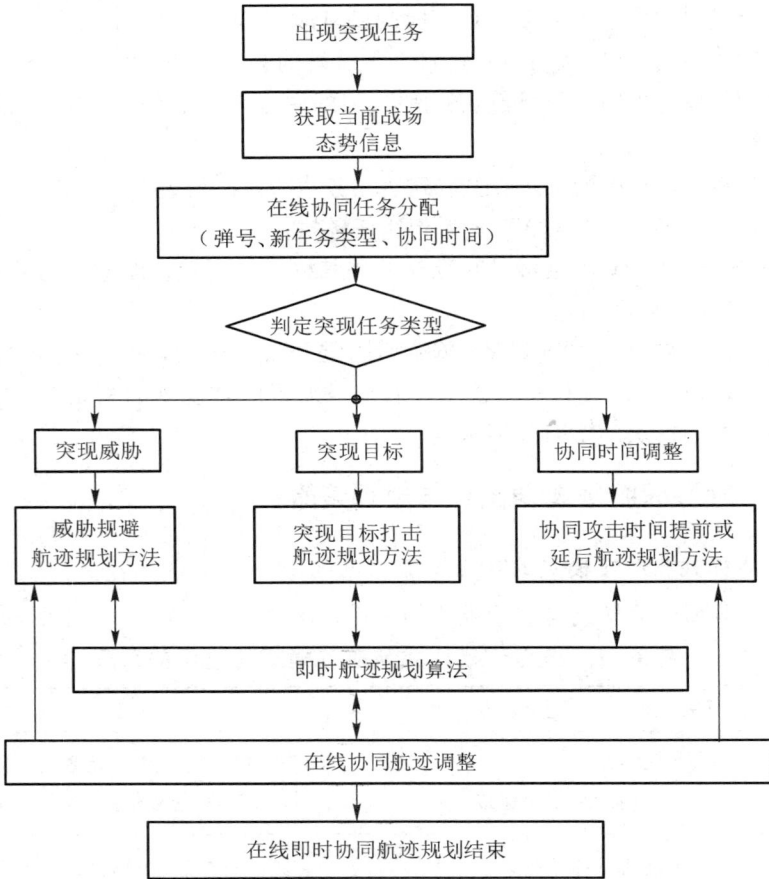

图 8-6　突现任务状态下的在线即时协同航迹规划过程

突现任务状态下的在线即时协同航迹规划的流程可描述为下面的步骤。

Step 1：根据当前动态战场态势信息，采用第 3 章的方法进行在线协同任务重分配，得到任务重分配的结果。典型的任务重分配结果有以下几种情况：

（1）第××架 UAV 进行威胁规避，参与协同攻击的其他 UAV 延时或提前 Δt 秒攻击；

（2）第××架 UAV 更改打击目标，由打击目标 A 变更为打击目标 B，将第××架 UAV 从原来的编队中删除；

（3）高价值时间敏感目标需要提前进行攻击，所有参与该目标攻击的 UAV 编队攻击时间提前 Δt 秒；

（4）高价值时间敏感目标需要延迟进行攻击，所有参与该目标攻击的 UAV 编队攻击时间延时 Δt 秒。

Step 2：根据 Step1 中的任务分配结果(1)，采用如下主要步骤：

（1）对需要进行威胁规避的 UAV M_1，M_2，$\cdots$，M_T（T 为需要进行威胁规避的 UAV 数量）按照威胁规避航迹规划方法进行相应的即时航迹规划，航迹变更后的航迹长度分别为 $\Delta Length_1$，$\Delta Length_2$，$\cdots$，$\Delta Length_T$；

（2）根据协同任务要求以及上述航迹变更后的航迹长度增量 $\Delta Length_1$，$\Delta Length_2$，$\cdots$，$\Delta Length_T$ 确定新的协同到达时间 $NewTime\_Arrival$。

Step 3：根据 Step1 中的任务分配结果(2)，采用如下主要步骤：

（1）对参与突现目标打击的 UAV M_1，M_2，$\cdots$，M_T（T 为参与突现目标打击的 UAV 数量）按照突现目标打击航迹规划方法进行相应的即时航迹规划，航迹变更后的新航迹长度分别为 $\Delta Length_1$，$\Delta Length_2$，$\cdots$，$\Delta Length_T$；

（2）根据协同任务要求以及上述航迹变更后的航迹长度 $\Delta Length_1$，$\Delta Length_2$，$\cdots$，$\Delta Length_T$，确定新的协同到达时间 $NewTime\_Arrival$。

Step 4：根据新的协同到达时间 $NewTime\_Arrival$ 为编队内所有 UAV 确定到达目标的时间延时量或提前量。

Step 5：根据时间延时量或提前量采用具有时间要求的即时航迹规划方法为各架 UAV 规划新的航迹。

突现任务状态下的即时航迹规划都在地面管控系统完成，要求在规定的时间内规划出从默认航迹分叉点到规划结束点（目标点或航迹汇合点）之间的航迹，然后通过卫星通信数据链将此即时航迹发送给 UAV，UAV 接收到新航迹后，对当前飞行的航迹进行航迹重新编排，并按照重新编排过的航迹飞行。

3. 在线即时航迹快速规划策略

Szczerba 等人曾指出，在现有的各种航迹规划方法中，没有一种方法能够在 30 秒以内生成一整条满足各种约束条件的航迹。如果要在整个规划区域内搜索出一条完整的最优航迹，通常需要很长的计算时间，难以满足在线即时协同航迹规划的要求，因此，对于在线即时协同航迹规划可着重考虑采用以下规划策略，以提高规划速度。

（1）优先采用 UAV 上保存的航迹（含选飞航迹、灵活航迹等），这样只需要进行相应航迹编号的选择；

（2）优先考虑地面规划系统预先规划出来的航迹，通常 UAV 任务规划中心在平时会规划一系列的可行航迹，如果即时航迹规划与预先航迹规划条件相同，可直接使用预先规划好的航迹；

（3）即时航迹规划的实效性非常强，在规划中可适当放松对即时航迹最优性的要求，在时间不允许的情况下，只规划出可行航迹即可；

（4）即时航迹规划属于局部规划，采取有限区域规划的策略，即根据 UAV 飞行安全性、具体作战模式的约束、UAV 飞行性能等约束条件缩减每次规划的搜索空间，减少规划时间；

（5）采用粗粒度规划与细粒度规划相结合的分层规划策略，即首先采用粗粒度规划方法规划出一条参考航迹，然后在此基础上，由参考航迹进行方向引导进行细粒度的规划，以增强规划过程中搜索的方向性，减少搜索范围；

（6）采用多线程并行计算策略。该策略利用当前计算机的多 CPU 多核技术，基于 Windows 操作系统的多任务多线程计算能力，提高计算效率；

（7）改进航迹规划搜索算法（改进 A* 算法的 OPEN 表插入方式）。

上述七种规划策略，前两种策略不需要规划新的航迹，文中（在线即时航迹规划算法 8.3 部分）将后五种策略应用于在线即时航迹的规划中，以提高规划速度。

8.3　在线即时航迹规划算法及策略

在线即时航迹规划的目的是要在局部范围在线规划出 UAV 上装订的可飞航迹。在线即时航迹规划既不同于第 6 章面向任务分配的航迹快速规划方法，也不同于第 7 章预先协同航迹规划方法。第 6 章面向任务分配的航迹快速规划是全局规划，航迹的约束条件少，规划空间粒度大，规划速度要求较高，对航迹的全局最优性要求低；预先协同航迹规划也是全局规划，航迹的约束条件多，规划空间粒度小，规划时间要求不高，但要求航迹尽量最优。而本章所研究的在线即时航迹规划是局部规划，航迹的约束条件多，规划空间粒度小，对规划的快速性要求极高，因此，在规划方法上与上述两类航迹规划问题有所不同。根据 8.2 节中的分析，为了实现快速规划，在即时航迹快速规划中采用了分层规划策略、有限区域规划策略和多线程并行计算策略。根据作者对航迹规划算法的调研，针对在线即时航迹规划这种局部空间的航迹规划问题，经典的 A* 算法是一种好的选择。

A* 算法是一种经典的计算简单、规划速度快、稳定性强的启发式搜索算法，同时 A* 算法能够方便地应用上述快速规划策略，其中分层规划策略可通过控制 A* 算法的搜索步长实现，有限区域规划可通过控制 A* 算法的节点扩展方向实现，A* 算法隐含的并行性便于采用多线程并行计算。目前许多文献对 A* 算法进行了改进，比较著名的有稀疏 A* 算法。

本书以稀疏 A* 算法为基础，引入分层规划策略、有限区域规划策略和多线程并行计算方法，同时对稀疏 A* 算法的 OPEN 表插入方法进行改进，综合采用多种措施使得改进的 A* 算法满足在线即时航迹规划的快速性要求。下面对稀疏 A* 算法及上述几个改进措施进行简要论述。

8.3.1　稀疏 A* 算法

A* 算法是一种经典的启发式最优搜索算法，其通过预设代价函数确定最小代价航迹。

$$f(x) = g(x) + h(x) \tag{8-1}$$

其中，$g(x)$ 是状态空间中起始位置到当前节点 x 的真实代价；$h(x)$ 为启发式函数，表示从当前节点 x 到目标位置代价的估值；$f(x)$ 为节点 x 从初始点到目标点的代价函数。

A* 算法进行搜索时需要建立两个链表，OPEN 表和 CLOSED 表。OPEN 表保存所有已经生成而未考察的节点，CLOSED 表记录已经访问过的节点。算法根据式（8-1）对当前网格可能到达的每一个网格进行代价计算，选择最小代价网格作为当前节点进行扩展，依次类推直到找到目标节点。

稀疏 A* 算法作为标准启发式搜索算法（A* 算法）的一种改进形式，于 2000 年由 Szcerzba 等提出。该算法将约束条件结合到搜索算法中，可以有效地修剪搜索空间中的无用节点，从而大大缩小了搜索时间，同时其允许在规划过程中输入不同的航迹约束条件并在某一任务期间改变这些参数值。

8.3.2　分层规划策略

按规划空间精细程度可以将规划分为粗粒度规划和细粒度规划。粗粒度规划的主要目的是确定 UAV 飞行的安全走廊和粗略航迹，从而减少细粒度规划的搜索空间。粗粒度规划可以采用较为粗糙的数字地图和简化的 UAV 性能模型，通常采用具有全局寻优能力的方法。粗粒度规划通常将突防区域分成多个网格，从初始点网格搜索到终点网格，并以经过的累积代价最小的所有网格中的点作为粗略航迹。由于粗粒度规划是在较为粗糙的网格模型内进行的搜索，规划出的航迹没有考虑网格内航向的机动因素以及 UAV 的机动性能约束，其规划结构如图 8-7 所示。

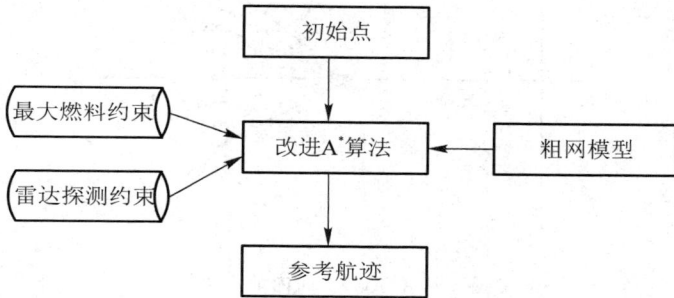

图 8-7　UAV 飞行航迹粗粒度规划结构示意图

粗略航迹只考虑了最大燃料约束和雷达探测约束，而没有考虑 UAV 机动能力的约束，它只能确定出一条粗略轨迹，无法应用于实际情况。为此，需要以精细的地形数据为基础，在粗略航迹周围获得一条精细航迹。细粒度规划是指在粗略航迹周围进行精细的航迹规划，其主要目的是在粗略航迹周围确定出可飞的航迹，并依据威胁信息、地形信息以及即时任务等因素，生成最优航迹。细粒度规划结构如图 8-8 所示。

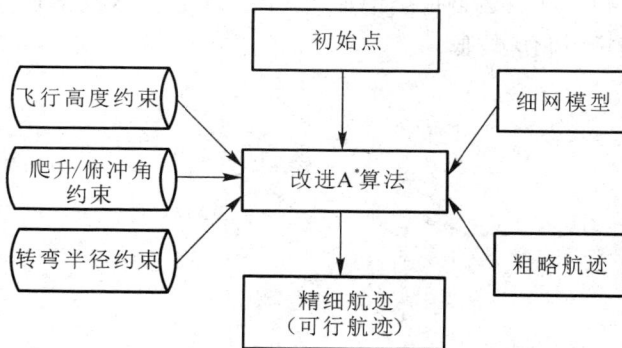

图 8-8　UAV 飞行航迹细粒度规划结构示意图

8.3.3　有限区域规划策略

有限区域规划策略，即根据 UAV 飞行安全性、具体作战模式、UAV 飞行性能等约束条件缩减每次规划的搜索空间，减少规划时间。

假设 UAV 当前位置为 X，N 为 X 的前一个飞行节点，则在 X 处的节点扩展示意图在速度坐标系下的投影如图 8-9 所示。在 X 处，当航迹的搜索步长为 L 时，考虑到 UAV 的约束条件：最大转弯角 ϕ_{max}，可扩展的节点就被限制在 $O_z X_c$ 轴左右各一倍最大转弯角 ϕ_{max} 的弧 $\overset{\frown}{LR}$ 内。采用同样的方法，可以得到 $O_z X_c Y_c$ 面的节点扩展范围，即 $O_z X_c$ 轴上下各一倍的最大爬升/下滑角 φ_{max} 的弧 $\overset{\frown}{TD}$ 内。对于三维空间来说，将弧 $\overset{\frown}{TD}$ 以 X 为顶点沿弧 $\overset{\frown}{LR}$ 从 L 旋转到 R 得到曲面 $T'D'DT$，扩展的节点分布在如图 8-10 所示的曲面上。

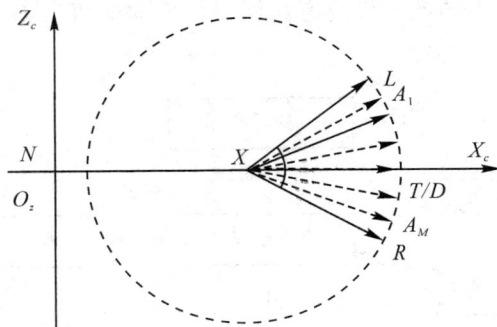

图 8-9　$O_z X_c Z_c$ 面内节点扩展

为提高空间节点的搜索效率，可以将空间节点扩展如下：在 $O_z X_c Z_c$ 面内，将 $\angle LXR$ 平分为 M 个小角度，这些角度在弧 $\overset{\frown}{LR}$ 上对应的分界点作为水平面上的可扩展节点，如图 8-9 中的 $A_1,\cdots,A_M$ 所示。与 $O_z X_c Z_c$ 面内节点扩展方法相似，$O_z X_c Y_c$ 面内亦可以根据角度将弧 $\overset{\frown}{TD}$ 平均离散为 N 个节点，延伸到三维空间，当前节点 X 可扩展的子节点数目就为 $N \times M$，如图 8-10 所示。算法每向前扩展一个节点，进入 OPEN 表中的节点个数为 $N \times M$，因而 N 与 M 值的选取是航迹规划算法的一个关键。N 和 M 值选的较大，航迹规划的精度就会较高，但是节点数目也会增加，从而影响航迹规划的速度；选的较小，规划时间会减少，但是精度也相应较低。

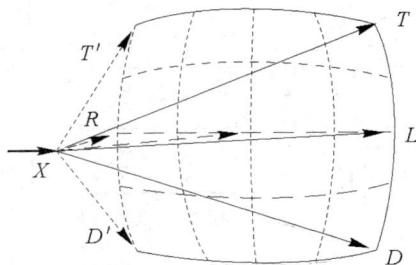

图 8-10　三维节点扩展

8.3.4　多线程并行计算方法

A* 算法具有隐含的并行性，许多机构进行了并行航迹规划的研究。随着计算机技术的发展，目前的计算机大多采用多 CPU 多核技术，Windows 操作系统具有的多任务多线程技术，可以在多个 CPU 上同时运行多个线程。这些技术使得并行计算脱离了工作站或者工作组计算机，可以直接在单机上进行运算，并行计算的效率也相应得到提高。这些技术为 A* 算法的多线程并行计算提供了条件，若在航迹规划中采用多线程并行计算可以提高航迹规划的效率。

1. A* 算法并行性分析

对于 A* 算法来说，算法每向前扩展一步，需要分别计算各子节点的代价值并且对 OPEN 表和 CLOSED 表进行插入和删除操作。在进行扩展时，各子节点均以当前节点为父节点，各子节点之间没有任何直接联系，算法对各个节点的遍历过程是相互独立的。图 8-11 为航迹节点的扩展示意图，假定从发射点 S 出发，可以扩展的节点序列为 $\{1,2,3,4,5\}$，而实际上这五个节点仅与上层节点 S 有直接联系，相互之间没有任何直接联系，则这些没有直接联系的节点就可以分配给不同的线程同时进行扩展。假定节点 2 为当前代价值最小的节点，那么该节点往下可扩展的五个节点也可以进行同时扩展计算，这样依次类推直到目标点。因此 A* 算法具有一定的并行性，为并行计算提供了条件。

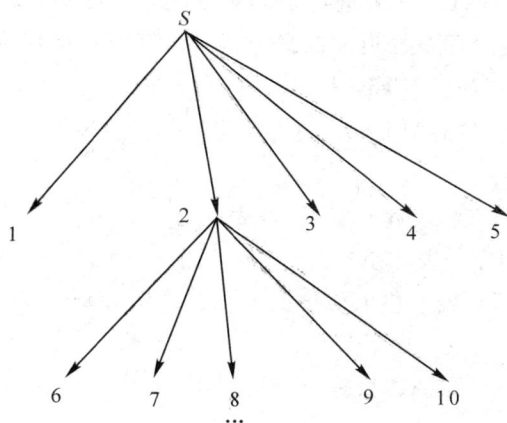

图 8-11　航迹节点扩展示意图

2. 多 CPU 多线程技术

Windows 是一类多任务多线程操作系统，它为每个运行进程分配一定的 CPU 时间片，一旦进程执行结束，操作系统就将 CPU 时间片分给下一个进程。而多线程则将程序进一步划分为不同的执行单元，不同的线程具有不同的优先等级，多线程程序在多 CPU 上运行时，计算机可以将不同的线程分配到不同的 CPU 上执行。对于多 CPU 的计算机来说，多线程大大提高了程序的执行效率。

3. 多线程并行 A* 算法设计

根据 A* 算法的并行性，在进行节点扩展时，可以采取如下方式：由主线程负责任务的分配和子线程的管理。主线程根据规划空间将待扩展的节点进行划分，并将节点扩展任务分配给不同的子线程来执行，在子线程的工作期间主线程处于等待状态，当所有的节点扩展工作结束后，主线程重新启动继续进行下一步的计算和任务分配，在主线程工作期间，各子线程处于等待状态。

由上述算法可知，程序运行时各线程在节点扩展时都需要对 OPEN 表和 CLOSED 表进行访问，可能会出现某个子线程正在对 OPEN 表中的某一数据进行修改，而另一子线程则正好需要对该数据进行读取的情况，从而导致算法失败甚至系统崩溃。为了避免这些情况的出现，需要对各子线程访问 OPEN 表和 CLOSED 表进行管理，通常通过设置互斥量对各线程的访问进行协调。这样在某一子线程对 OPEN 表和 CLOSED 表进行访问时，其他子线程处于等待状态，待该线程访问结束后，其他子线程依次访问 OPEN 表和 CLOSED 表中的数据。

当线程采用共用 OPEN 表的方法时，为了规划系统的稳定性，线程在对 OPEN 表进行操作时需要对线程访问 OPEN 表的顺序进行规定，即在一个线程访问 OPEN 表期间，其他线程处于等待状态。如此，显然程序的并行性能还不太明显，需要对其进行改进。为提高算法的稳定性，减少线程在访问 OPEN 表时的等待时间，可以采用子线程私有 OPEN 表和 CLOSED 表的方法，即子线程 I 拥有 OPEN_I 表和 CLOSED_I 表，在算法的执行过程中仅对 OPEN_I 和 CLSOED_I 表进行访问和管理，并对 OPEN_I 表排序，最后向主线程返回最小代价节点。主线程根据返回的最小代价值节点选出代价值最小的节点作为下一步扩展节点，主线程不再拥有 OPEN 表。

（1）主线程算法的伪码描述如下：

```
Begin
        初始化 OPEN 表和 CLOSED 表；
        While（OPEN 表非空）
            从 OPEN 表中移出估价值 f 最小的节点 x；
            If（x 节点 == 目标节点）
                break；//到达目标节点则退出
            Else
                根据有限区域规划策略扩展子节点 x；
                向所有子线程传递待扩展的节点 x；
            End if；
                接收子线程传递的节点信息；
                将 x 节点插入 CLOSED 表中；
                选出最小的代价值节点；
        End while；
    End；
```

（2）子线程 I 算法的伪码描述：

　　　　Begin

　　　　　　接收由主线程传递的待扩展节点的相关信息；

　　　　　　For(k 个子节点)　//k 为当前子线程需要扩展的节点数目

　　　　　　　k<n；

　　　　　　　计算子节点的代价值，对 OPEN_I 表和 CLOSED_I 表进行操

　　　　　　　作，并将子节点按照排序方法插入到 OPEN_I 表中；

　　　　　　End for；

　　　　　　向主线程返回最小代价节点；

　　　　End；

算法流程图如图 8－12 所示。

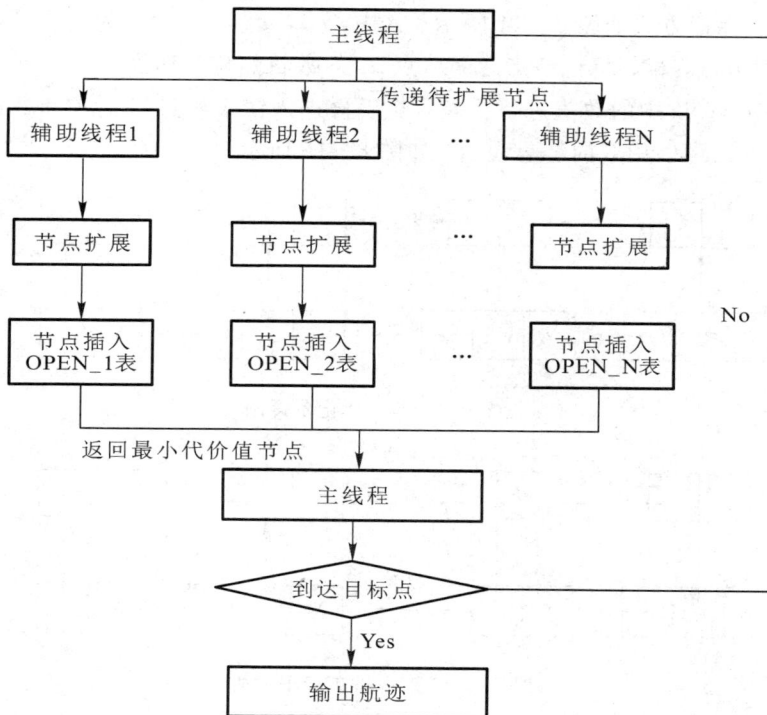

图 8－12　并行算法流程

8.3.5　OPEN 表插入改进方法

　　A* 算法的计算过程主要包括节点扩展、代价计算、节点插入 OPEN 表和 CLOSED 表，及排序找出 OPEN 表中代价最小节点等几部分，各部分的计算时间各有差异。通常排序时间占整个航迹规划时间的 90% 以上，是整个算法中最耗时的部分，因此如果能够提高排序的效率，那么 A* 算法的计算速度将会得到大大提高，为此，本小节对 A* 算法的排序方法进行了分析并加以改进。

在 A* 算法的 OPEN 表中，节点以链表的形式存储，如图 8-13 所示。

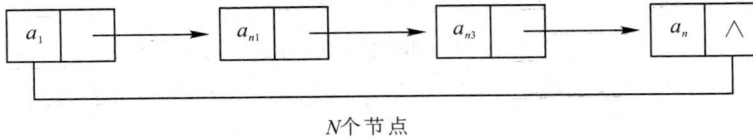

N个节点

图 8-13　N 个节点的链式存储图

在 A* 算法中，节点是一个接一个进入 OPEN 表的，因此可以在节点插入的同时进行比较并将节点插入到相应的位置，从而完成排序工作，这种排序方法称为插入排序方法。对于插入排序来说，节点插入和排序过程同时进行，随着时间的推移节点数目 n 的值也会越来越大，节点插入链表所需时间也会越来越长。对于 n 个节点，插入排序比较次数与节点数目的关系为 $O(n^2)$。基于以上的原因，对插入排序算法进行改进的方法是对链表中的元素进行标记，标记方式如图 8-14 所示。其中，a_1，a_{n1}，$\cdots$，a_{nL} 为插入节点，N_1，N_2，$\cdots$，N_L 为标记节点，相邻标记节点之间节点 a_i 的数目恒定，都为 m。当节点进入链表中时，先和标记节点 N_i 中的数值进行比较，随后再进入链表中进行比较和插入工作。对于以上标记排序方法可以用双向链表表示，如图 8-15 所示。

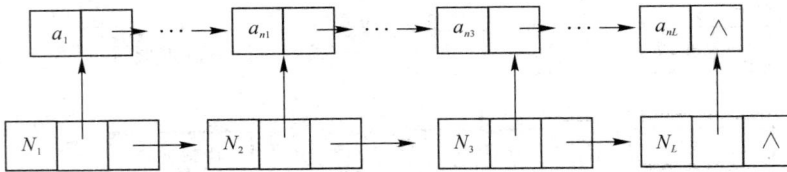

图 8-14　节点标记示意图

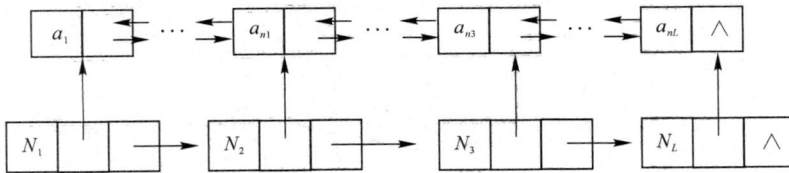

图 8-15　双向链表标记方法

改进插入排序的算法描述如下：

（1）初始化，建立双向链表 OPEN 表。

（2）对于进入 OPEN 表的新节点 x，比较节点 x 和标记节点 N_k 所指向的第一个节点的值。

（3）若节点 x 的值小于当前标记节点 N_k 所指向节点的值，根据插入排序方法，将 x 插入到 N_{k-1} 当中，否则标记节点指针指向下一个标记节点，继续进行比较。

（4）节点插入以后，标记节点 N_{k-1} 及其后续的所有标记节点指向当前所指节点的上一个节点。

（5）若标记节点 N_k 所指向的 OPEN 表中节点以后的节点数目超过预先设定的值 m，则建立新的标记节点 N_{k+1}。

采用同样配置的计算机对插入排序和改进插入排序方法进行了仿真计算，其排序时间如表 8 - 2 所示。

表 8 - 2　排序时间与节点数目比较

节点数目	插入排序时间/s	改进插入排序双向链表表示时间/s
2000	0.063	0.016
4000	0.266	0.047
8000	1.03	0.14
10 000	1.657	0.187
20 000	10.125	0.656
30 000	31.156	1.516

8.3.6　基于改进 A* 算法的航迹规划过程

将分层规划策略、有限区域规划策略、OPEN 表双向链表插入排序方法引入到多线程并行 A* 算法的计算后，有效地提高了 A* 算法的搜索速度，本书将采用上述策略的 A* 算法称为改进 A* 算法。基于改进 A* 算法的即时航迹规划过程如图 8 - 16 所示。

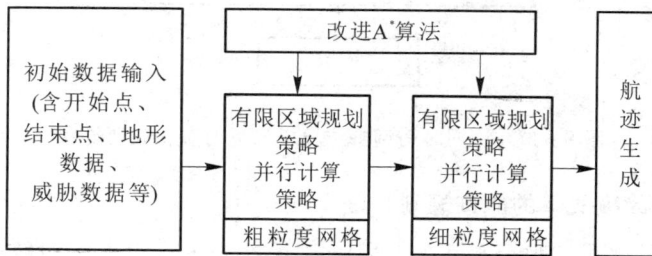

图 8 - 16　基于改进 A* 算法的即时航迹规划过程

8.4　典型作战样式下的在线即时协同航迹规划方法

典型作战样式下的在线即时协同航迹规划方法主要考虑三种模式：协同时间、突现威胁规避、攻击目标变更。协同时间调整作战模式下的航迹规划主要考虑延时攻击作战、提前攻击作战。突现威胁规避作战优先考虑采用 UAV 上既有的航迹进行规避飞行，如需要规划新航迹，优先选择规划距离短的航迹。攻击目标变更作战主要是对突现高价值时间敏感目标进行在线协同航迹规划。

8.4.1　协同时间调整作战模式下的航迹规划方法

协同时间调整作战模式下的航迹规划方法是指在地面管控系统根据编队中所有 UAV

的飞行状态，当前使用的航迹以及 UAV 编队协同攻击时间 ETA，确定各架 UAV 的延时或提前时间量，进而确定各架 UAV 的延时航迹或提前航迹，共同实现协同攻击。协同时间调整作战模式下的航迹规划步骤如图 8-17 所示。

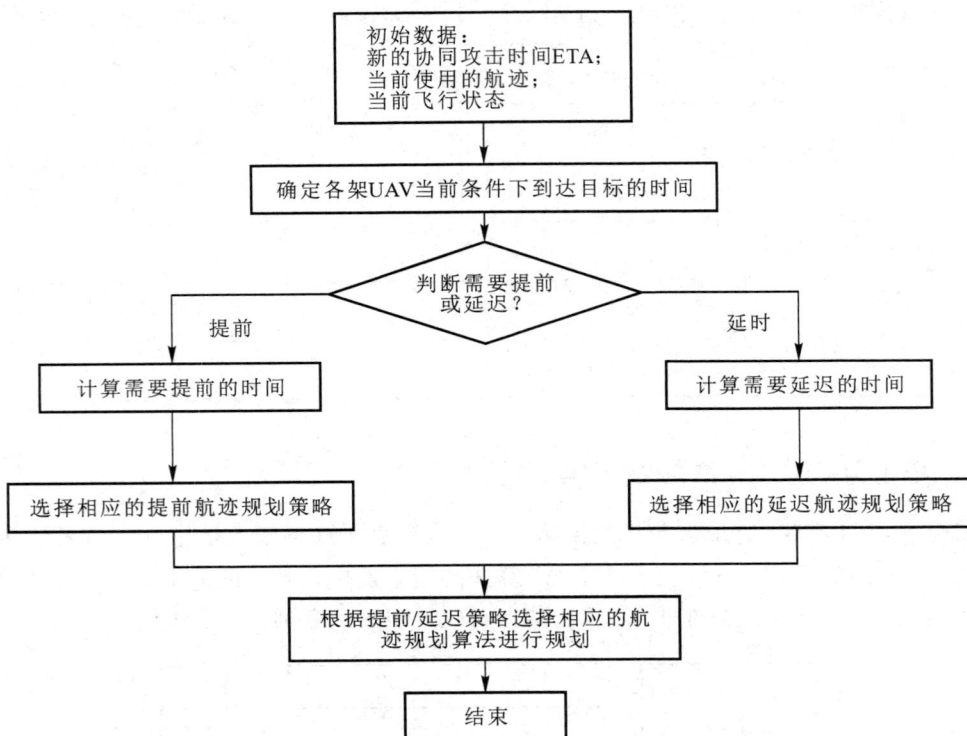

图 8-17　协同时间调整作战模式下的航迹规划步骤

1. 延时攻击作战模式下的航迹规划方法

通过第 8.2 节航迹模式的分析可知，用于延时攻击作战模式下的航迹模式有两种：一种是用于较长时间延迟飞行的"8"字形延时航迹；另一种是用于较短时间延迟飞行的"高帽子"形延时航迹。

延时航迹的规划先完成延时航迹的规划区域确定、延时航迹起始点确定和延时航迹模式的确定，然后根据延时航迹模式和延时时间大小，以及 UAV 的飞行速度进行延时航迹的规划。

1）"8"字形延时航迹规划模型

"8"字形延时航迹是指从默认航迹的某个导航点 O 开始进行"8"字形飞行一圈或数圈，从而实现到达攻击目标时间的推迟。"8"字形延时航迹可以表示如下：

$$O_1 \rightarrow \{O \rightarrow C \rightarrow B \rightarrow A \rightarrow O \rightarrow F \rightarrow E \rightarrow D\} \rightarrow O \rightarrow O_2 \qquad (8-2)$$

"8"字形延时航迹可以通过求解矩形 $OCBA$（如图 8-18 所示）的坐标来完成。假设 O 点的坐标为 $O(x_o, y_o)$，航迹段 OC 之间的长度为 L_2，航迹段 BC 之间的长度为 L_1，$\angle COO_2$ 为转弯角，记为 θ，则 $O \rightarrow C \rightarrow B \rightarrow A \rightarrow O \rightarrow F \rightarrow E \rightarrow D$ 航迹段的坐标如下：

$$\begin{cases} O(x_o,\ y_o) \\ C:\ x_c = x_o + L_2\cos(\theta),\ y_c = y_o + L_2\sin(\theta) \\ B:\ x_b = x_c + L_1\cos\left(\theta + \dfrac{\pi}{2}\right),\ y_b = y_c + L_1\sin\left(\theta + \dfrac{\pi}{2}\right) \\ A:\ x_a = x_b + L_2\cos(\theta + \pi),\ y_a = y_b + L_2\sin(\theta + \pi) \\ F:\ x_f = x_o + L_1\cos\left(\theta - \dfrac{\pi}{2}\right),\ y_f = y_o + L_1\sin\left(\theta - \dfrac{\pi}{2}\right) \\ E:\ x_e = x_f + L_2\cos(\theta - \pi),\ y_e = y_f + L_2\sin(\theta - \pi) \\ D:\ x_d = x_e + L_1\cos\left(\theta - \dfrac{3\pi}{2}\right),\ y_d = y_e + L_1\sin\left(\theta - \dfrac{3\pi}{2}\right) \end{cases} \tag{8-3}$$

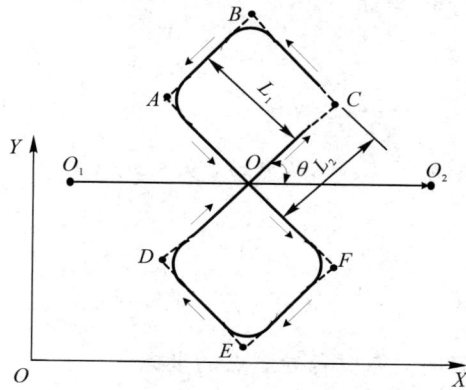

图 8-18 "8"字形延时航迹示意图

2)"高帽子"形延时航迹规划模型

"高帽子"形延时航迹主要用于较短时间延时的水平飞行。"高帽子"形延时航迹如图 8-19所示,图(a)为沿着默认航迹 O_1O_2 左侧进行高帽子延时航迹机动飞行,图(b)为沿着默认航迹 O_1O_2 右侧进行高帽子延时航迹机动飞行。"高帽子"形延时航迹可以通过矩形来描述(如图 8-19 中的矩形 $BADC$),可以表示如下:

$$O_1 \rightarrow B \rightarrow A \rightarrow D \rightarrow C \rightarrow O_2 \tag{8-4}$$

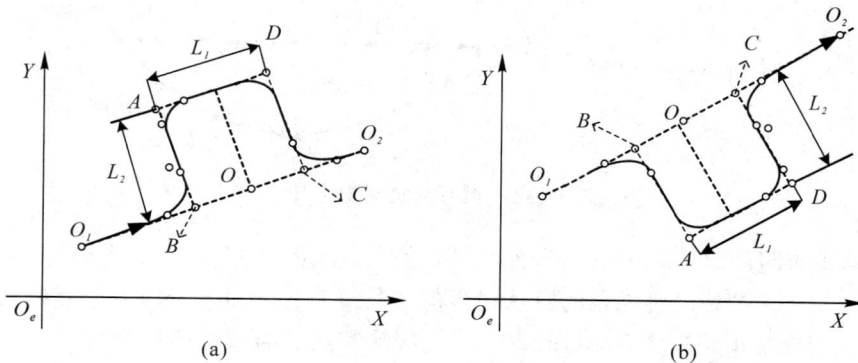

(a)   (b)

图 8-19 "高帽子"形延时航迹

$O_1(x_1, y_1, z_1)$ 为高帽子延时航迹所在航迹段的起始导航点，$O_2(x_2, y_2, z_2)$ 为高帽子延时航迹所在航迹段的结束导航点。"高帽子"形延时航迹以默认航迹上的 $O(x_o, y_o, z_o)$ 点对称，帽子的宽度为 L_1，高度为 L_2，延时时间长短可以通过帽子的宽度 L_1 和高度 L_2 来进行调节。下面以图 8-19(a)为例，给出各个导航点。由于高帽子机动飞行都是采用等高飞行，因此只需要考虑二维平面内的情况。

假设默认航迹 O_1O_2 与 O_eX 轴的夹角为 θ，则 θ 可由 $O_1(x_1, y_1, z_1)$ 和 $O_2(x_2, y_2, z_2)$ 求得：

$$\theta = \arctan \frac{y_2 - y_1}{x_2 - x_1} \tag{8-5}$$

则 $O_1 \rightarrow B \rightarrow A \rightarrow D \rightarrow C \rightarrow O_2$ 的坐标如下：

$$\begin{cases} O(x_o, y_0) \\ B: x_b = x_0 + \dfrac{L_1}{2}\cos(\theta + \pi), \ y_b = y_0 + \dfrac{L_1}{2}\sin(\theta + \pi) \\ A: x_a = x_d + L_1\cos(\theta + \pi), \ y_a = y_d + L_1\sin(\theta + \pi) \\ D: x_d = x_c + L_2\cos\left(\theta + \dfrac{\pi}{2}\right), \ y_d = y_c + L_2\sin\left(\theta + \dfrac{\pi}{2}\right) \\ C: x_c = x_0 + \dfrac{L_1}{2}\cos(\theta), \ y_c = y_0 + \dfrac{L_1}{2}\sin(\theta) \end{cases} \tag{8-6}$$

同理，可以得到帽子方向向右时各导航点的坐标。

2. 提前攻击作战模式下的航迹规划方法

本书将提前攻击作战模式下的航迹称为捷径航迹。通常捷径航迹规划可通过删除默认航迹中的导航点（一个或多个导航点）产生直飞航迹的方法来实现。如图 8-20 所示，捷径航迹规划是在 UAV 当前位置后面选择一个导航点，如图中的 A 点，将导航点 A 到目标点的默认航迹作为捷径航迹规划的输入，通过删除上述航迹中的部分点从而缩短飞行航程，如默认航迹中的 B 点和 C 点之间的点，实现提前攻击。

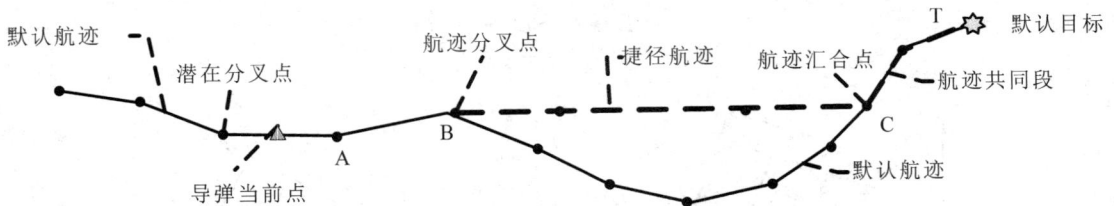

图 8-20　捷径航迹规划示意图

假设攻击时间提前量为 TimeBefore，UAV 的飞行速度为 V_m，与时间提前量对应的缩短距离为 LenBefore，捷径航迹规划的默认输入航迹长度为 DefaultPathLen（A 点到目标的默认航迹），最大可能提前距离为 MaxCanLen，通过删除节点后的新航迹长度为 NewPathLen，允许 UAV 的捷径航迹长度偏差为 DeltaPath，点 A 到目标 T 的直线航程为 PathLen_At，则有下面的等式关系：

$$\begin{cases} \text{LenBefore} = \text{TimeBefore} \cdot V_m \\ \text{MaxCanLen} = \text{DefaultPathLen} - \text{PathLen\_AT} \\ \text{DeltaPath} = \text{abs}(\text{DefaultPathLen} - \text{NewPathLen} - \text{LenBefore}) \end{cases} \qquad (8-7)$$

由于 UAV 的航迹点个数数量有限，并且在默认航迹已知的情况下计算两导航点之间的距离的计算量不大，因此，采用基于全局搜索的方法产生满足要求的捷径航迹，然后从满足要求的航迹中通过比较航迹代价的大小选择最好的捷径航迹。基于全局搜索的捷径航迹规划过程如下。

Step1：首先判断是否满足 MaxCanAheadL＞AheadL，如果当前航迹满足上述条件，则转入 Step2；否则，规划结束。

Step 2：以初始航迹的第 i 个导航点为搜索中心，通过编排将从开始点到第 i 个导航点之间的航迹段，第 i 个导航点与第 j 个导航点组成的航迹段和第 j 个导航点到结束点之间的航迹段组成新的航迹。其中，$i=1，\cdots，(N-2)$；$j=i+1，\cdots，(N-1)$。

Step3：求取新航迹与要求的捷径航迹的偏差 New_DeltaPath，如果 New_DeltaPath≤DeltaPath，表明新航迹可行，存储新航迹的 New_DeltaPath 和新航迹数据，并加以标示。

Step4：计算 UAV 沿新航迹飞行时，被敌威胁摧毁的风险概率 P_{risk}；检查新航迹对约束条件的满足情况，并将检查结果记入航迹数据中，重复 Step2、Step3 和 Step4，获取所有可能的新航迹。

Step5：选择风险概率 P_{risk} 最小的新航迹作为最佳捷径航迹。

8.4.2　突现威胁规避作战样式下的航迹规划方法

根据多 UAV 集群可控攻击在突现威胁规避作战样式的描述，当出现突现威胁后，尽可能采用 UAV 上既有的航迹进行规避飞行，如需要规划新航迹，优先选择规划距离短的航迹。突现威胁规避作战样式下的航迹规划过程如图 8-21 所示。

具体规划主要步骤如下。

Step1：根据突现威胁出现的位置及当前 UAV 编队的飞行状态，确定可能受到影响的 UAV。

Step2：根据威胁程度，判断受到影响的 UAV 是否能够进行威胁规避，结合 UAV 威胁规避的可行性，确定该威胁是否有必要升级为突现目标，即是否对该目标进行优先打击。如果确定进行威胁规避，则执行 Step3～Step4。

Step3：针对受到威胁影响的飞行中的 UAV，判断是否可以利用机上已经装载的选飞航迹突防，如果是，转入 Step5。如果不是，转入 Step4 规划突现威胁规避新航迹。

Step4：利用改进 A* 算法进行威胁规避航迹的规划。重复 Step3～Step4，直到所有受到威胁影响的飞行中的 UAV 都规划好新的威胁规避航迹。

Step5：结合威胁规避新航迹和所有的 UAV 默认航迹及当前飞行状态，确定新的协同攻击时间 ETA（Estimated Time of Arrival）。

Step6：根据各架 UAV 的新航迹和飞行状态，确定各架 UAV 到达目标的时间与 ETA 的时间差，确定各架 UAV 需要的延时时间量和提前量。

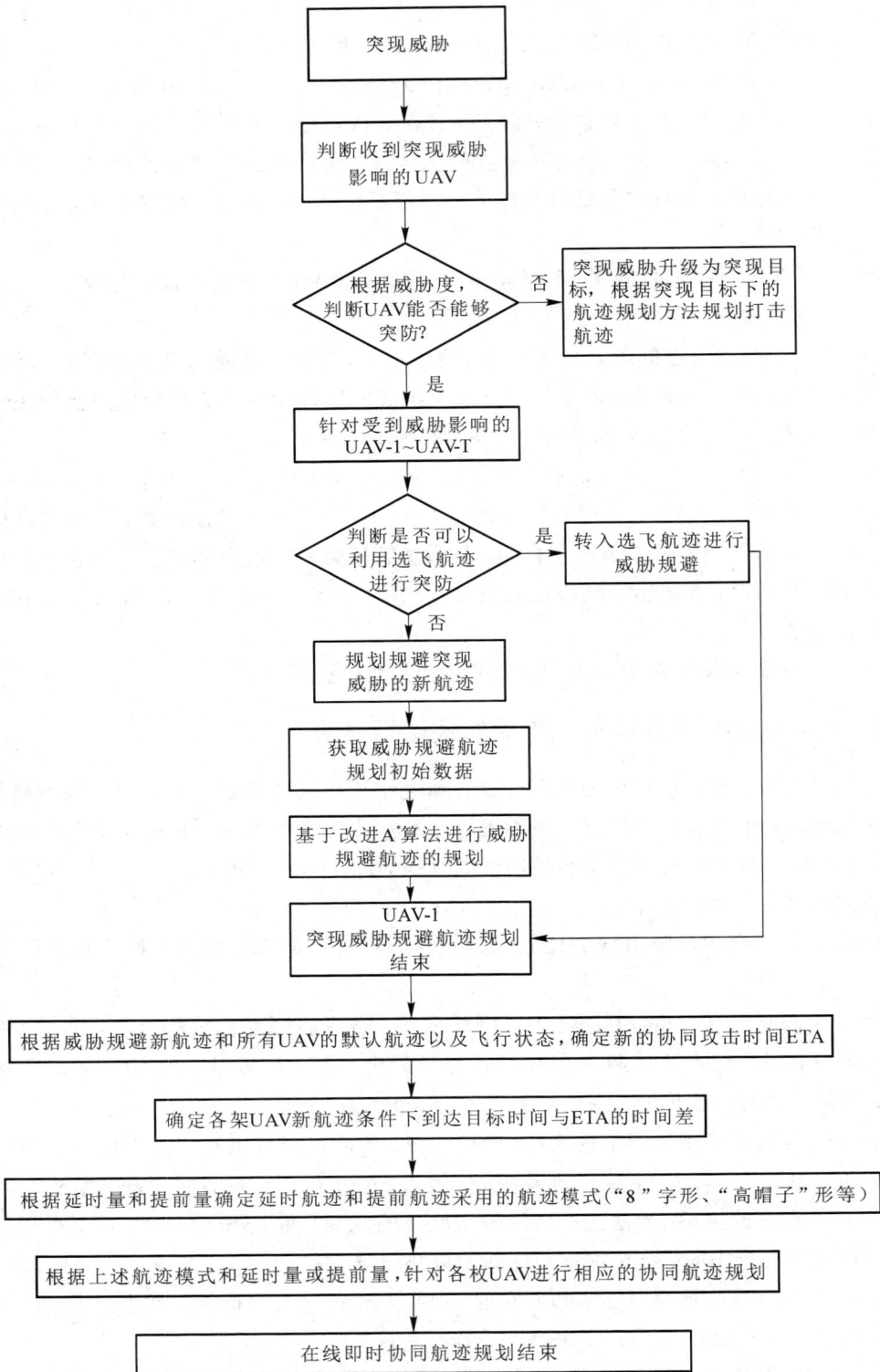

图 8-21 突现威胁规避作战样式下的航迹规划过程

Step7：根据各架 UAV 的延时量和提前量确定相应的延迟航迹和提前航迹采用的航迹模式，对于延迟航迹主要采用"8"字形延时航迹和"高帽子"形延时航迹。

Step8：根据上述确定的航迹模式和延时量或提前量，对各架 UAV 进行相应的航迹规划，确保达到新的协同攻击效果。

Step9：在线即时协同航迹规划完成。

Step9 中在线即时协同航迹规划按照 8.4.1 中的协同时间调整作战模式下的航迹规划方法进行。

8.4.3　攻击目标变更作战样式下的航迹规划方法

根据 8.2.1 节中多 UAV 集群可控攻击在攻击目标变更作战样式的描述，需要对突现高价值时间敏感目标进行在线协同航迹规划。其规划过程如图 8-22 所示，具体包括以下几个主要步骤。

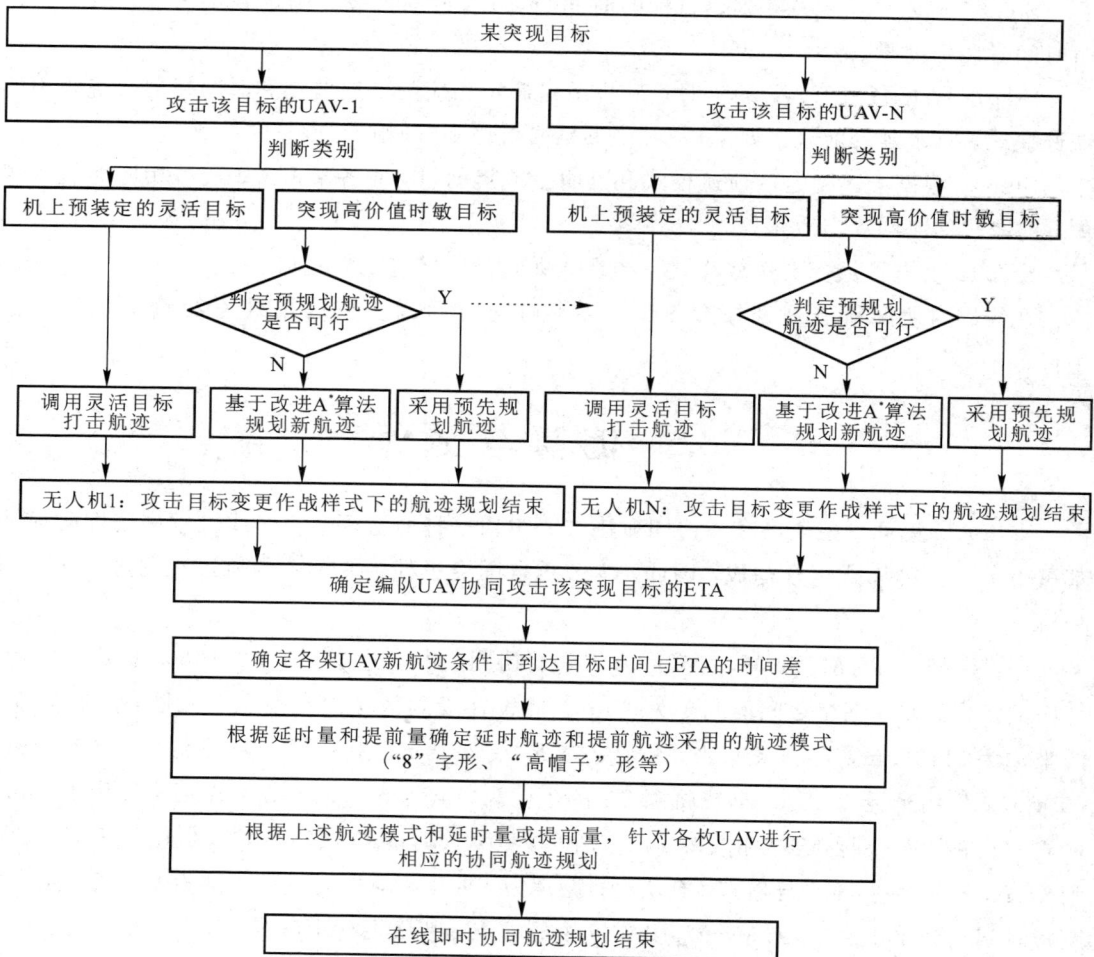

图 8-22　攻击目标变更作战样式下的航迹规划过程

Step1：根据突现目标出现的位置及当前 UAV 编队的飞行状态，确定飞行中攻击该目标的 UAV，该步骤在任务分配阶段完成。

Step2：根据参与攻击的各架 UAV 与目标之间的对应关系，确定该目标的类型，是机上预装定的灵活目标还是需要在线即时规划的突现目标，如果是突现目标，则转入 Step3，如果是预装订的灵活目标，则直接调用预先规划好的灵活目标航迹。

Step3：针对突现高价值时敏目标，首先判断能否利用数据库中平时规划好的航迹，如果可行，则直接调用预先规划好的航迹，如果不可行，则转入 Step4 进行在线即时航迹规划。

Step4：利用改进 A^* 算法进行突现时敏目标的航迹规划。重复 Step2～Step4，直到所有参与协同攻击的 UAV 都规划完毕突现时敏目标航迹。

Step5：结合各架 UAV 的突现目标航迹及当前飞行状态，确定新的协同攻击时间 ETA。

Step6：确定各架 UAV 到达目标的时间与 ETA 的时间差，确定各架 UAV 需要的延时时间量和提前量。

Step7：根据各架 UAV 的延时量和提前量确定相应的延迟航迹和时间提前航迹采用的航迹模式，对于延迟航迹主要采用"8"字形延时航迹和"高帽子"形延时航迹。

Step8：根据上述确定的航迹模式和延时量或提前量，对各架 UAV 进行相应的航迹规划，确保达到协同攻击效果。

Step9：攻击目标变更作战样式下的在线即时协同航迹规划完成。

在线即时协同航迹规划按照 8.4.1 节中协同时间调整作战模式下的航迹规划方法进行。

8.5　仿真与分析

多 UAV 集群可控攻击在线协同航迹主要包括三种航迹模式，作战过程中的即时航迹都可由上述三种模式组合构成，因此，本节重点围绕三种主要模式的航迹规划进行仿真与分析。

假设两架 UAV M_1 和 M_2 对某目标 T 进行协同攻击，规划范围大小为 300 km×300 km 范围的矩形区域，网格之间的间距为 1 km。假设在规划区域内存在三个威胁，威胁源 T_1 的坐标为（110 km，75 km），作用半径为 $R_1 = 21$ km，威胁源 T_2 的坐标为（35 km，90 km），作用半径为 15 km，威胁源 T_3 的坐标为（140 km，175 km），作用半径为 18 km。UAV M_1 的默认飞行航迹数据如表 8-3 所示，UAV M_2 的默认飞行航迹数据如表 8-4 所示。UAV M_1 共有 16 个导航点，默认飞行距离为 408.7 km，平均飞行速度为 $V_1 = 238$ m/s，飞行时间约为 1717.2 s；UAV M_2 共有 8 个导航点，默认飞行距离为 378.5 km，平均飞行速度为 220.4 m/s，飞行时间约为 1717.2 s。两架 UAV 起飞后，战场环境出现新情况，地面管控系统根据新的情况进行相应的即时航迹模式选择和规划。

表 8 - 3　UAV M_1 的默认飞行航迹数据

序号	X/km	Y/km	Z/m	序号	X/km	Y/km	Z/m	序号	X/km	Y/km	Z/m
1	225	295	100	7	125	230	50	13	50	55	125
2	190	295	100	8	125	220	50	14	45	25	125
3	185	290	100	9	50	145	50	15	45	20	125
4	180	290	100	10	45	120	125	16	50	15	125
5	150	260	50	11	60	100	125	17	60	10	125
6	150	255	50	12	65	75	125				

表 8 - 4　UAV M_2 的默认飞行航迹数据

序号	X/km	Y/km	Z/m	序号	X/km	Y/km	Z/m	序号	X/km	Y/km	Z/m
1	225	295	100	4	185	165	100	7	95	10	50
2	200	250	100	5	170	125	100	8	75	10	125
3	190	170	100	6	145	60	50	9	60	10	125

8.5.1　协同时间调整作战模式下的航迹规划仿真

协同时间调整作战模式下的航迹规划主要有三种情况，一种情况是目标需要较长时间的延迟攻击，各架 UAV 采用"8"字形延时航迹模式使攻击时间延迟；第二种情况是在 UAV 编队协同攻击过程中，由于其中的一架 UAV 飞行较快，为了达到同时攻击效果，对该架 UAV 采用"高帽子"形延时航迹使其飞行时间延迟；第三种情况是由于目标攻击时间提前，UAV 编队各成员需要提前一段时间到达目标。下面分别针对上述三种情况进行仿真与分析。

1. 延时攻击作战模式下的航迹规划仿真

针对协同时间调整情况一。仿真初始数据如表 8 - 4 所示，假设目标需要较长时间的延迟攻击，延时时间为 500 s，当前 UAV 飞行位置为（180 km、290 km、100 m），飞行时间为 197.8 s。即时航迹规划时间、弹星地数据传输时间、机上信息处理综合时间假设为 60 s，该时间主要用于约束航迹变更开始点的位置。采用文中的"8"字形延时航迹规划方法进行仿真计算，UAV M_1 得到"8"字形延时航迹相关数据如表 8 - 5 所示，UAV M_2 得到"8"字形延时航迹相关数据如表 8 - 6 所示。从表 8 - 5 中可以计算出，UAV M_1 的延时航迹长度为 119 km，延时时间约为 500 s，从表 8 - 6 中可以计算出，UAV M_2 的延时航迹长度为 110.2 km，延时时间约为 499.9 s，两者延时时间相似，能够满足协同到达目标的要求。

表 8 - 5　　UAV M_1 规划的"8"字形延时航迹

序号	X/km	Y/km	Z/m	序号	X/km	Y/km	Z/m	序号	X/km	Y/km	Z/m
1	75	170	200	5	55.1	165	200	9	70	150.1	200
2	70	165	200	6	70	165	200	10	70	165	200
3	70	179.8	200	7	84.87	165	200	11	65	160	200
4	55.1	179.8	200	8	84.87	150.1	200				

表 8 - 6　　UAV M_2 规划的"8"字形延时航迹

序号	X/km	Y/km	Z/m	序号	X/km	Y/km	Z/m	序号	X/km	Y/km	Z/m
1	200	240	200	5	209.7	239.7	200	9	190.3	239.7	200
2	200	230	200	6	200	230	200	10	200	230	200
3	209.7	220.3	200	7	190.3	220.3	200	11	200	220	200
4	219.5	230	200	8	180.5	230	200				

两架 UAV "8"字形延时航迹规划效果如图 8 - 23。

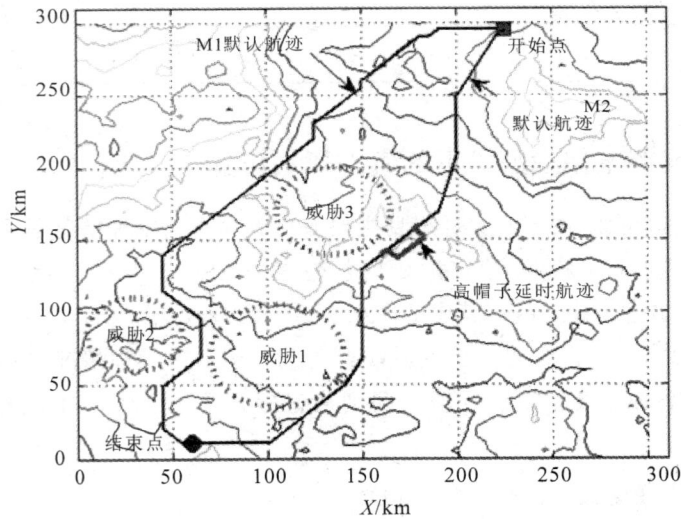

图 8 - 23　"8"字形延时航迹规划效果图

针对延时攻击作战模式中的情况二。初始数据与实际情况一致，不同之处在于 UAV M_2 飞行较快，为了达到同时攻击效果，UAV M_2 采用"高帽子"延时航迹模式使其飞行时间延迟 150 s。相应的仿真数据见表 8 - 7。

表 8 - 7　　UAV M_2 "高帽子"延时航迹

序号	X/km	Y/km	Z/m	序号	X/km	Y/km	Z/m	序号	X/km	Y/km	Z/m
1	180	160	200	3	181.7	152.5	200	5	162.9.3	142.9	200
2	177.1	157.1	200	4	167.6	138.3	200	6	160	140	200

从表 8-7 中可以统计出 UAV M_2 的延时航迹长度为 33.1 km，延时时间约为 150.2 s，满足协同到达目标的要求。

2. 攻击时间提前作战模式下的航迹规划仿真

针对延时攻击作战模式中的情况三，根据作战任务需要，要求参与攻击的 UAV 编队中所有 UAV 提前 100 s 进行协同攻击。采用 8.4 节研究的提前攻击作战模式下的航迹规划方法进行仿真计算，得到 UAV M_1 和 UAV M_2 的捷径航迹及相应的特征参数如表 8-8 所示。

表 8-8　UAV M_1 和 M_2 的捷径航迹及特征参数

UAV	分叉起始点坐标	捷径航迹交汇点	航迹偏差/m	时间偏差/s
M_1	(70 km，165 km，100 m)	(65 km，95 km，100 m)	-661.3	-2.778
M_2	(135 km，45 km，145 m)	(65 km，10 km，145 m)	-192.5	-0.873

8.5.2　突现威胁下的航迹规划仿真

在 8.5 节初始作战数据的条件下，在 UAV 飞行一段时间 $\Delta t = 258$ s 后，战场临时出现突现威胁，突现威胁的坐标为 T(120 km，200 km)，影响半径为 35 km，直接影响到 M_1 正在执行的默认航迹。此时 UAV M_1 的坐标为(170 km，280 km，100 m)；UAV M_2 的坐标为(200 km，240 km，100 m)。采用 8.4.2 节中的突现威胁作战模式下的即时航迹规划方法进行在线规划，得到 UAV M_1 的威胁规避航迹如表 8-9 所示。

表 8-9　突现威胁下 UAV M_1 的威胁规避航迹

序号	X/km	Y/km	Z/m	序号	X/km	Y/km	Z/m
1	145.0	250.0	100.0	5	90.0	225.0	100.0
2	145.0	250.0	100.0	6	80.0	200.0	100.0
3	115.0	245.0	100.0	7	70.0	165.0	100.0
4	100.0	235.0	100.0				

从表 8-9 中可以计算出 UAV M_1 在规划威胁规避航迹后，航迹长度比默认航迹多出了 11.92 km，按照 UAV M_1 的飞行速度，到达目标的时间将会延时大约 50.1 s，因此，UAV M_2 也应该相应地延时 50.1 s，以保证 UAV M_1 和 M_2 能够同时到达目标以实现协同攻击。突现威胁下 UAV M_2 的即时协同航迹如表 8-10 所示。

表 8-10　突现威胁下 UAV M_2 的即时协同航迹

序号	X/km	Y/km	Z/m	序号	X/km	Y/km	Z/m
1	170.0	150.0	200.0	3	166.1	133.9	200
2	176.1	143.9	200.0	4	160.0	140.0	200

突现威胁下的 UAV 协同即时航迹规划仿真效果如图 8-24 所示。

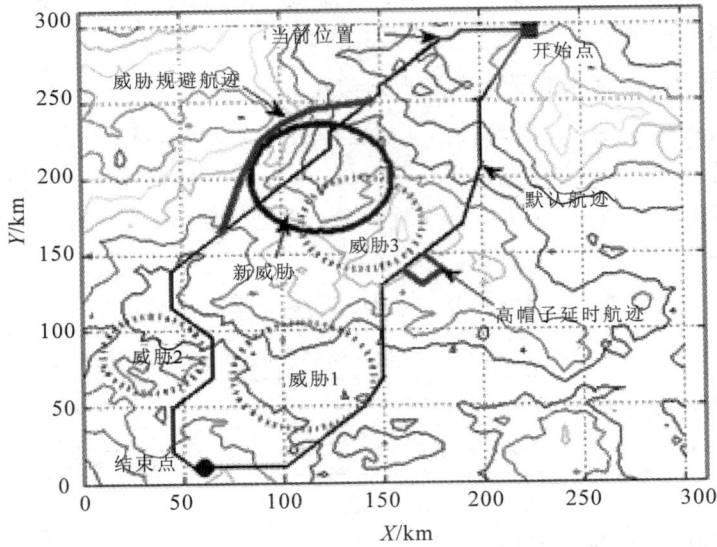

图 8-24　突现威胁下的航迹规划仿真效果图

8.5.3　攻击目标变更作战模式下的航迹规划仿真

在 8.5 节中的初始条件下，UAV 在飞行一段时间 $\Delta t = 258$ s 后，战场临时出现突现高价值时敏目标，突现目标的坐标为 T(200 km，75 km，150 m)，指挥中心迅速决定安排 UAV M_1 和 M_2 组成编队，对目标 T 进行协同打击。此时，UAV M_1 的坐标为(170 km，280 km，100 m)；UAV M_2 的坐标为(200 km，240 km，100 m)。采用 8.4.3 节中的攻击目标变更作战模式下的即时航迹规划方法进行在线规划，分别得到 UAV M_1 的突现目标攻击即时航迹和 UAV M_2 的突现目标攻击即时航迹，分别如表 8-11 和表 8-12 所示。

表 8-11　UAV M_1 的突现目标攻击即时航迹

序号	X/km	Y/km	Z/m	序号	X/km	Y/km	Z/m	序号	X/km	Y/km	Z/m
1	80.0	175.0	100.0	4	100.0	120.5	100.0	7	165.0	90.0	150.0
2	80.0	150.0	100.0	5	125.4	110.0	100.0	8	190.0	80.0	95.0
3	90.0	130.0	100.0	6	150.0	100.0	100.0	9	200.0	75.0	150.0

表 8-12　UAV M_2 的突现目标攻击即时航迹

序号	X/km	Y/km	Z/m	序号	X/km	Y/km	Z/m	序号	X/km	Y/km	Z/m
1	170.0	150.0	100.0	4	170.0	120.0	100.0	7	190.0	95.0	150.0
2	170.0	140.0	100.0	5	175.0	110.0	100.0	8	195.0	90.0	95.0
3	170.0	130.0	100.0	6	185.0	100.0	150.0	9	200.0	75.0	150.0

UAV M_1 的突现目标攻击即时航迹和 UAV M_2 的突现目标攻击即时航迹调整示意图如图 8-25 所示。

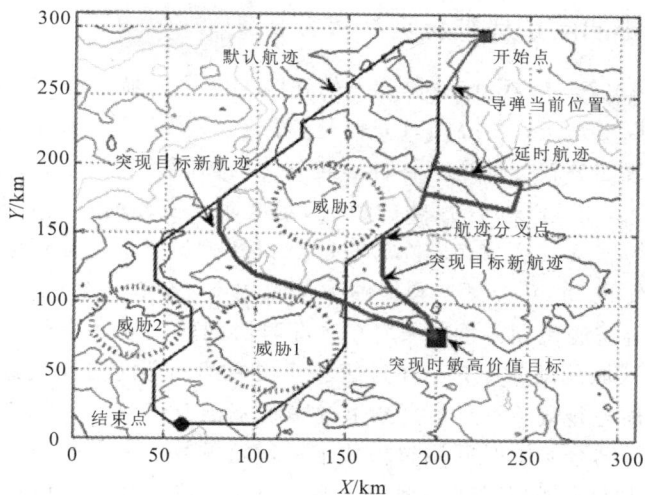

图 8-25　突现高价值时敏目标作战模式下的即时航迹调整示意图

根据 8.4.3 节中的分析，UAV M_1 和 M_2 在完成各自的即时航迹规划后，航迹的长短发生了变化，按照即时航迹飞行不能够达到协同作战的效果，此时确定新的协同 UAV 时间为 1575.5 s。为了达到新的协同作战效果，UAV M_2 在即时航迹基础上需要延时飞行 456.8 s 的时间才能实现协同作战效果。UAV M_2 的延时航迹如表 8-13 所示。

表 8-13　UAV M_2 的延时航迹

序号	X/km	Y/km	Z/m	序号	X/km	Y/km	Z/m
1	197.4	199.7	200.0	3	251.7	165.5	200
2	256.5	184.9	200.0	4	192.6	180.3	200

突现高价值时敏目标作战模式下的即时协同航迹规划效果如图 8-26 所示。

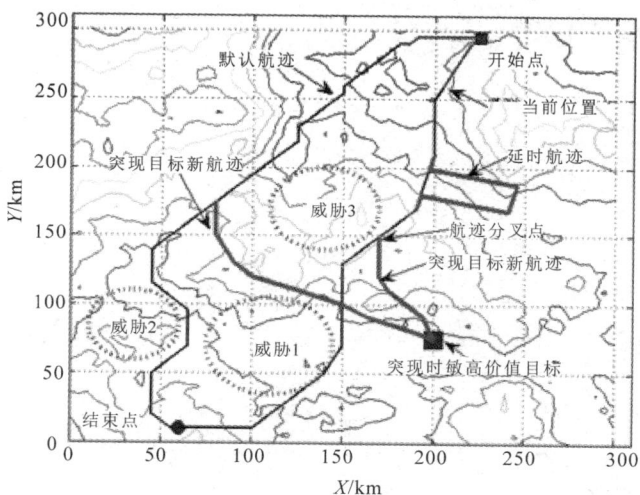

图 8-26　突现高价值时敏目标作战模式下的即时航迹协同效果图

8.5.4　在线即时协同航迹规划仿真结果分析

上述内容对 UAV 三种典型作战样式下的在线即时协同航迹规划进行了仿真，从上述一系列仿真结果可以观察出，在协同时间调整作战模式规划下，基于"8"字形延时航迹和"高帽子"形延时航迹能够较好地适应各种延时到达目标的要求，规划出的延时区域能够较好地规避威胁风险区，航迹规划的总时间也满足要求；在提前攻击作战模式下的航迹规划，基于全局搜索的默认航迹节点删除方法能够找到满足要求的捷径航迹，但是控制精度不高，但是通过后续的 UAV 速度调整能够弥补上述不足，是一种可行的捷径航迹规划方法；在突现威胁规避航迹规划方面，采用在线即时协同航迹规划流程与规划策略的策略能够规划出规避威胁区域的即时航迹，并且能够实现后续的即时协同航迹规划；在攻击目标变更作战样式下的航迹规划方面，仿真结果说明了基于改进 A* 算法能够找到一条规避各种威胁的航迹，然后结合协同时间调整模式下的航迹规划方法，最终实现了针对新目标的在线即时协同航迹调整，规划时间和规划效果良好。上述一系列的仿真结果说明了本章所研究的 UAV 编队在线即时协同航迹规划方法的有效性和可行性。

本 章 小 结

本章主要研究了具备多 UAV 集群可控攻击能力的 UAV 编队作战过程中的在线即时协同航迹规划方法。根据多 UAV 集群可控攻击的作战特性，设计多 UAV 集群协同作战的典型作战样式和与之相适应的典型航迹模式。结合典型作战样式，给出了各种作战样式下 UAV 在线协同航迹规划的流程和规划策略。针对突现威胁和突现目标任务下的即时航迹规划强实时性的问题，结合稀疏 A* 算法，引入了分层规划策略、有限区域规划策略，并对 A* 算法中的 OPEN 表插入方式进行改进，引入多线程并行计算方法，以加快即时航迹规划速度。详细研究了协同时间调整作战模式下、突现威胁规避作战样式下和攻击目标变更作战样式下的即时在线协同航迹规划方法。最后，通过一系列仿真和分析验证了本章所研究的方法的可行性和有效性。

附录 主要缩略词说明

英文缩写	中文名称	英文名称
AFIT	空军理工学院	Air Force Institute of Technology
AFMSS	空军任务支援系统	Air Force Mission Support System
AFRL	空军研究实验室	Air Force Research Laboratory
MIT	麻省理工学院	Massachusetts Institute of Technology
DARPA	国防部高级研究计划局	Defense Advanced Research Projects Agency
JFCOM	联合部队司令部	Joint Force COMmand
JMPS	联合任务规划系统	Joint Mission Planning System
ANT	自主协商编队	Autonomous Negotiating Teams
NAVMPS	海军任务规划系统	NAVal Mission Planning System
SEAD	压制敌方防空火力	Suppression of Enemy Air Defenses
TAMPS	战术飞机任务规划系统	Tactical Aircraft Mission Planning System
TMPC	战区任务规划中心	Theater Mission Planning Center
PFPS	便携式飞行规划软件	Portable Flight Planning Software
TTWCS	战术战斧武器控制系统	Tactical Tomahawk Weapons Control System
ACL	无人机自主控制等级	Autonomous Control Levels
UAV	无人机	Unmanned Aerial Vehicle
UCAV	无人战斗机	Unmanned Combat Air Vehicle
USV	无人水面艇	Unmanned Surface Vessel
CVRPTW	带时间窗的有限车辆路径问题	Capacitated Vehicle Routing Problem with Time Windows
DEM	数字高程模型	Digital Elevation Model
EA	进化算法	Evolutionary Algorithms
ETA	预计达到时间	Estimated Time of Arrival
GA	遗传算法	Genetic Algorithm
LRTA*	实时学习 A* 搜索	Learning Real-Time A*
MILP	混合整数线性规划	Mixed Integer Linear Programming
MOIPEA	多目标整数规划进化算法	Multi-Objective Integer Programming Evolutionary Algorithms

MPC	模型预测控制	Model Predict Control
MTSP	多旅行商问题	Multiple Traveling Salesperson Problem
MTSPTW	带时间窗的多旅行商问题	Multiple Traveling Salesperson Problem with Time Windows
DNFO	动态网络流优化模型	Dynamic Network Flow Optimization
PSO	粒子群优化算法	Particle Swarm Optimization
RRT	快速扩展随机树	Rapidly-exploring Random Tree
SA	模拟退火	Simulated Annealing
TS	禁忌搜索	Tabu Search / Taboo Search
VRP	车辆路径问题	Vehicle Routing Problem
NDS	非支配集	Non-Dominated Set
DTR	默认攻击目标的级别	Default Target Rand
PAD	规划容易度	Programming Easy Degree
RAN	重瞄次数	Re-Aim Number
NSGA	非支配排序遗传算法	Non-dominated Sorting Genetic Algorithm
CNSGA	受约束的非支配排序遗传算法	Constrained Non-dominated Sorting Genetic Algorithm
DE	差分进化	Different Evolutionary
IDE-CNSGA-Ⅱ	改进的差分进化 CNSGA-Ⅱ	Improved Different Evolutionary-Constrained Non-dominated Sorting Genetic Algorithm -Ⅱ
AQICA	自适应量子免疫克隆算法	Adaptive Quantum Immune Clone Algorithm
QICA	量子免疫克隆算法	Quantum Immune Clone Algorithm

参 考 文 献

[1] 宋伟，李新. 美海军协同作战能力[J]. 舰船电子对抗，2007，30(3)：9 - 12.

[2] 李凌鹏，雷中原，李为民. 空地协同群在防空作战空地协同中的应用[J]. 海军工程大学学报，2006，18(5)：18 - 22.

[3] FRANK M，SZEKELY P. A Scheme for Adaptive Distributed Resource Allocation [R]. ADA427580，2001.

[4] SUJIT P B，BEARD R. Multiple UAV Paths Planning Using Anytime Algorithm [C]. American Control Conference，2009，2978 - 2983.

[5] SCHUMACHER C，CHANDLER P，PACHTER M，et al. UAV Task Assignment with Timing Constraints[C]. AIAA Guidance，Navigations，and Control Conference，2003，2003，5664.

[6] 郭光，王峰，李晓，等. 舰空导弹协同使用样式探讨[J]. 飞航导弹，2008，9：25 - 28.

[7] 姜百汇，米小川，游志成. 数据链技术在国外飞航导弹上的应用[J]. 飞航导弹，2008，8：30 - 33.

[8] http：//www.defensenews.com/.

[9] 张克，刘永才，关世义. 体系作战条件下飞航导弹突防与协同攻击问题研究[J].战术导弹技术，2005，2：01 - 07.

[10] 胡正东，林涛，张士峰，等. 导弹集群协同作战系统概念研究[J]. 飞航导弹，2007，10：13 - 18.

[11] 2005 - 2030 年无人机系统发展路线图[Z]. 北京九思文化传播有限公司，译. 2006.

[12] http：//www.raytheon.com.

[13] SCHUMACHER C，CHANDLER P R，RASMUSSEN S R. Task Allocation for Wide Area Search Munitions via Iterative Network Flow[C]. In Proceedings of the AIAA Guidance，Navigation，and Control Conference and Exhibit，2002.

[14] NYGARD K E，CHANDLER P R，PACHTER M. Dynamic Network Flow Optimization Models for Air Vehicle Resource Allocation[C]. In Proceedings of the American Control Conference，2001，1853 - 1858.

[15] SEEREST B R. Traveling Salesman Problem for Surveillanee Mission Using Particle Swarm Optimization [D]. Ohio：Air Force Institute of Technology，2001.

[16] RYAN A，ZENNARO M，HOWELL A，et al. An Overview of Emerging Results in Cooperative Control[C]. The 43rd IEEE Conference on Decision and Control，2004.

[17] YAVUZ K. Multi-objective Mission Route Planning using Particle Swarm Optimization

[D]. Ohio: Air Force Institute of Technology Air University, 2002.

[18] MCLAIN T W, CHANDLER P R, et al. Cooperative Control of Rendezvous[J]. Proceedings of American Control Conference. 2001, 2309 – 2314.

[19] BROWN D T. Routing Unmmanned Aerial Vehieles while Considering General Restriated Operating Zones [D]. Ohio: Air Force Institute of Technology, Wright Patterson Air Force Base, 2001.

[20] MATTHEW A R. A Genetic Algorithm for Routing Integrated with a Parallel Swarm Simulation [D]. Ohio: Air Force Institute of Technology, 2005.

[21] SCHUMACHER C, CHANDLER P R, PACHTER M, et al. Task Assignment with Timing Constraints[C]. AIAA Guidance, Navigations, and Control Conference, 2003, 2003, 5664.

[22] BELLINGHA S J. Coordination and Control of UAV Fleets Using Mix-integer Linear Programming [D]. Massachusetts: MIT, 2002.

[23] SCHUMACHER C, CHANDLER P R, PACHTER M, et al. Constrained Optimization for UAV Task Assignment [C]. AIAA Guidance, Navigation, and Control Conference and Exhibit, 2004.

[24] KUWATA Y, HOW J P. Cooperative Distributed Robust Trajectory Optimization Using Receding Horizon MILP [J]. IEEE transactions on control systems technology, 2011, 19(2): 423 – 431.

[25] BORRELLI F, SUBRAMANIAN D, RAGHUNATHAN A U, et al. A Comparison between MILP and NLP Techiniques for Centralized Trajectory Planning of Multiple Unmanned Air Vehicles [C]. Proceedings of the 2006 American Control Conference Minneapoils, 2006: 5763 – 5768.

[26] GARY W, KINNEY J. A Hybrid Jump Search and Tabu Search Metaheuristic for the Unmanned Aerial Vehicle Routing Problem [D]. Ohio: Air Force Institute of Technology, 2005.

[27] ROBERT W H. A Java Universal Vehicle Router in Support of Routing Unmanned Aerial Vehicles [D]. Ohio: Air Force Institute of Technology, 2006.

[28] CRUZ J B J, CHEN G, et al. Particle Swarm Optimization for Resource Allocation in UAV Cooperative Control[C]. In Proceedings of the AIAA Guidance, Navigation, and Control Conference and Exhibit, 2004.

[29] HART D M. Reducing Swarming Theory to Practice for Control[C]. In Proceedings of the IEEE Aerospace Conference, 2004, 5: 3050 – 3063.

[30] 龙涛, 朱华勇, 沈林成. 多 UCAV 协同中基于协商的分布式任务分配研究[J]. 宇航学报, 2006, 27(3): 457 – 462.

[31] MCLAIN T W, BEARD R W. Cooperative Path Planning for Timing-Critical Missions [C]. Proceedings of the American Control Conference Denver, 2003, 1: 296 – 301.

[32] SHIMA T, RASMUSSEN S J, SPARKS A G, et al. Multiple Task Assignments for Cooperating Uninhaited Aerial Vehicles Using Genetic Algorithms [J]. Computer and Operation Research, 2006, 33(11): 3252 - 3269.

[33] RESMUSSEN S, CHANDLER P R. Optimal vs Heuristic Assignment of Cooperative Autonomous Unmanned Aerial Vehicles[C]. In Proceedings of the AIAA Guidance, Navigation, and Control Conference and Exhibit, 2003.

[34] CHEN G, CRUZ J B. Genetic Algorithm for Task Allocation in Cooperative Control[C]. In Proceedings of the AIAA Guidance, Navigation, and Control Conference and Exhibit, 2003.

[35] RATHBUN D, KRAGELUND S, PONGPUNWATTANA A, et al. An Evolution Based Path Planning Algorithm for Autonomous Motion of a Through Uncertain Environments [C]. AIAA 21st Digital Avionics Systems Conference, 2003.

[36] FRAZZOLI E, DAHLEH M A, FERON E. Real-Time Motion Planning for Agile Autonomous Vehicles [J]. AIAA Journal of Guidance, Control, and Dynamics, 2002, 25(1): 116 - 129.

[37] SECREST B R. Traveling Salesman Problem for Surveillance Mission Using Particle Swarm Optimization [D]. Ohio: Air Force Institute of Technology, 2001.

[38] KURSAT Y. Multi-objective Mission Route Planning using Particle Optimization [D]. Ohio: Air Force Institute of Technology, 2002.

[39] HUTCHISON M G. A Method for Estimating Range Requirements of Tactical Reconnaissance UAVs[C]. In Proceedings of AIAA 1st Technical Conference and Workshop on Unmanned Aerospace Vehicles, 2002.

[40] ALIGHANBARI M, KUWATA Y, HOW J P. Coordination and Control of Multiple UAVs with Timing Constraints and Loiterings[C]. In Proceedings of the America Control Conference, 2003: 5311 - 5316.

[41] 严平. 无人飞行器航迹规划与任务分配方法研究[D]. 武汉: 华中科技大学, 2006.

[42] 冯琦, 周德云. 应用单亲遗传算法进行大规模 UCAV 任务分配[J]. 火力与指挥控制, 2006, 31(5): 18 - 21.

[43] 叶媛媛, 闵春平, 沈林成. 多 UCAV 任务分配的混合遗传算法与约束处理[J]. 控制与决策, 2006, 21(7): 781 - 786.

[44] 余舟毅, 陈宗基, 周锐. 基于遗传算法的动态资源调度问题研究[J]. 控制与决策, 2004, 19(11): 1308 - 1311.

[45] 段海滨, 丁全心, 常俊杰, 等. 基于并行蚁群优化的多无人作战飞机任务分配仿真平台[J]. 航空学报, 2008, 5(S1): 192 - 197.

[46] 唐强, 车军, 杨晖. 多无人机多目标任务分配方法研究[C]. 北京: 第一届中国导航、制导与控制学术会议集, 2007: 569 - 571.

[47] 田著. 多无人机协同侦察任务问题建模与优化技术研究[D]. 长沙: 国防科学技术大

学，2007.

[48] 倪谣，周德云，马云红，等. 基于 MILP 模型的多无人机对地攻击任务分配[J]. 火力与指挥控制，2008，33(11)：62 - 65.

[49] 肖秦馄，高晓光. 基于空间改进型 Voronoi 图的无人机路径规划研究[J]. 计算机工程与应用，2005：204 - 207.

[50] 叶媛媛. 多 UCAV 协同任务规划方法研究[D]. 长沙：国防科学技术大学，2005.

[51] 叶媛媛，闵春平，沈林成，等. 基于满意决策的多 UAV 协同目标分配方法[J]. 国防科技大学学报，2005，27(4)：116 - 120.

[52] 彭建亮，孙秀霞，朱凡，等. 基于 Multi-Agent 的无人机协同任务分配方法研究[C]. 中国控制与决策会议，2008：4517 - 4520.

[53] 苏菲，陈岩，沈林成. 基于蚁群算法的无人机协同多任务分配[J]. 航空学报，2008，29(Sup)：184 - 191.

[54] 冯琦，周德云. 应用单亲遗传算法进行大规模 UCAVs 任务分配[J]. 火力与指挥控制，2006，31(5)：18 - 21.

[55] 余舟毅，陈宗基，周锐. 基于遗传算法的动态资源调度问题研究[J]. 控制与决策. 2004，19(11)：1308 - 1311.

[56] 段海滨，丁全心，常俊杰，等. 基于并行蚁群优化的多 UCAV 任务分配仿真平台[J]. 航空学报，2008，5(S1)：192 - 197.

[57] 唐强，车军，杨晖. 多无人机多目标任务分配方法研究[C]. 北京：第一届中国导航、制导与控制学术会议集，2007，569 - 571.

[58] 符小卫，高晓光. 一种无人机路径规划算法研究[J]. 系统仿真学报，2004，14(l)：20 - 21 + 34.

[59] 冯少辉. 模型预测控制工程软件关键技术及应用研究[D]. 杭州：浙江大学，2003.

[60] 彭辉. 分布式多无人机协同区域搜索中的关键问题研究[D]. 长沙：国防科学技术大学，2009.

[61] 霍霄华. 多 UCAV 动态协同任务规划建模与滚动优化方法研究[D]. 长沙：国防科学技术大学，2007.

[62] WOLFE J D, CHICHKA D F, SPEYER J L. Decentralized Controllers for Unmanned Aerial Vehicles Formation Flight [C]. Proceedings of the AIAA GNC Conference, 1996.

[63] MATTHEW G E, RAFFAELLO D. A decomposition approach to multi-vehicle cooperative control [J]. Robotics and Autonomous Systems, 2007, 55: 276 - 291.

[64] MCLAIN T W, CHANDLER P R. Cooperative Control of Rendezvous [C]. Proceedings of American Control Conference, 2001, 2309 - 2314.

[65] KAMAL W A, GU D W, POSTLETHWAITE I. Real Time Trajectory Planning for UAVs Using MILP[C]. The 44th IEEE Conference on Decision and Control, andthe European Control Conference, 2005, 3381 - 3386.

[66] SHANMUGAVEL M, TSOURDOS A, WHITE B. Cooperative path planning of multiple UAVs using Dubins paths with clothoidarcs [J]. Control Engineering Practice, 2009, 17.

[67] EUN Y, BANG H. Cooperative Task Assignment Path Planning of Multiple Unmanned Aerial Vehicles Using Genetic Algorithms [J]. Journal of Aircraft, 2009, 46(1): 338 - 343.

[68] SUJIT P B, BEARD R. Cooperative Path Planning for Multiple S Exploring an Unknown Region[C]. Proceeding of the 2007 American Control Conference, 2007, 347 - 352.

[69] SUJIT P B, GEORGE J M, BEARD R. Multiple UAV Coalition Formation [C]. American Control Conference, 2008, 2010 - 2015.

[70] SHANMUGAVEL M, TSOURDOS A, WHITE B. Co-operative path planning of multiple UAVs using Dubins paths with clothoid arcs [J]. Control Engineering Practice, 2010, 18(9): 1084 - 1092.

[71] ASHAH M, AOUF N. Dynamic Cooperative Perception and Path Planning for Collision Avoidance[C]. ISMA, 2009: 1 - 7.

[72] KEVIN P O R. Dynamic Unmanned Aerial Vehicle Routing With a Java-Encoded Reactive Tabu Search Metaheuristic [D]. Ohio: Air Force Institute of Technology, 2008.

[73] 郑昌文. 飞行器航迹规划方法研究[D]. 武汉: 华中科技大学, 2003.

[74] 陈岩. 蚁群优化理论在无人机战术控制系统中的应用研究[D]. 长沙: 国防科学技术大学, 2007.

[75] YAN P, DING M Y, ZHENG C W. Coordinated Route Planning Via Nash Quilibrium and Evolutionary Computation [J]. Chinese Journal of Aeronautics, 2006, 19(1): 18 - 23.

[76] ATKINSON M L. Contract Nets for Control of Distributed Agents in Unmanned Air Vehicles [C]. 2nd AIAA Unmanned Unlimited Systems, Technologies, and Operations Aerospae, 2003.

[77] DOLGOV D, DURFEE E H. Satisficing Strategies for Resource-Limited Policy Search in Dynamic Environments [C]. The First International Joint Conference on Autonomous Agents and Multi-Agent Systems, 2002, 1325 - 1332.

[78] BORDEAUX J. Self-organized Air Tasking: Examining a Non-hierarchical Model for Joint Air Operations[C]. In Proceedings of the 2004 International Command and Control Research and Technology Symposium, 2004.

[79] SUJIT P B, SINHA A, GHOSE D. Multi-Task Allocation using Team Theory[C]. In Proceedings of the 44th IEEE Conference on Decision and Control, 2005, 1497 - 1502.

[80] MISSY C. Tactical Tomahawk Interface for Monitor and Retargeting[R]. University of Virginia, 2003.

[81] STEPHANIE G. Tactical Tomahawk: Strike Planning, Monitoring and Control Summary of Operator Interface Prototypes Developed at UVA from 2000 – 2005 [R]. University of Virginia, 2005.

[82] GLENN O, LINVILLE M, et al. Tomahawk Strike Coordinator Cognitive Task Analysis [R]. SPAWAR Systems Center San Diego, 2004.

[83] 史和生, 张晓红, 梁鹤, 等. 基于战术数据链的多飞行器飞行航路协同规划[J]. 中国电子科学研究院学报, 2008, 3(4): 415 – 420.

[84] SZCZERBA R J. Robust Algorithm for Real-time Route Planning [J]. IEEE Transaction on Aerospace and Electronic System, 2000, 36(3): 869 – 878.

[85] GUDAITIS M S. Multi-criteria Mission Route Planning Using a Parallel A* Search [R]. Technical Report, AFIT/GCS/ENG/94D – 05, AD-A289284, 1994.

[86] LAVALLE S M. Planning Algorithms [M]. Cambridge: Cambridge University Press, 2006.

[87] KORF R. Real-time Heuristic Search: Research Issues [J]. Artificial Intelligence, 1990, 42(2), 189 – 211.

[88] SJANIC Z. On-line Mission Planning based on Model Predictive Control [D]. Sweden: Linkoing University, 2001.

[89] RICHARDS A, HOW J P. Decentralized Model Predictive Control of Cooperating UAVs [C]. In Proceedings of the 43rd IEEE Conference on Control and Decision. 2004, 4: 4286 – 4291.

[90] ZHAO L, MURTHY V R. Trajectory Planning with Collision Avoidanace for Autonomous Helicopter by Evolutionary Methods [J]. 44th AIAA Aerospace Sciences Meeting and Exhibit, 2006, 1 – 26.

[91] MATTHEW A R. A Genetic Algorithm for UAV Routing Integrated with a parallel Swarm Simulation [D]. Ohio: Air Force Institute of Technology, 2005.

[92] GARY W, KINNEY J. A Hybrid Jump Search and Tabu Search Metaheuristic for the Unmanned Aerial Vehicle Routing Problem [D]. Ohio: Air Force Institute of Technology, 2005.

[93] ROBERT W H. A Java Universal Vehicle Router in Support of Routing Unmanned Aerial Vehicles [D]. Ohio: Air Force Institute of Technology, 2006.

[94] KEVIN P, ROURKE O. Dynamic Unmanned Aerial Vehicle Routing With a Java-Encoded Reactive Tabu Search Metaheuristic [D]. Ohio: Air Force Institute of Technology, 2008.

[95] ROBERT N A. Loiter and Optimal Route Planning for Long Rang Subsonic Cruise Missile [D]. Commonwealth of Virginia: University of Virginia, 2004.

[96] NIKOLOS I K, VALAVANIS K P, TSOURVELOUDIS N C, et al. Evolutionary Algorithm Based Offline/Online Path Planner for UAV Navigation [J]. IEEE

Transactions on System，2003(33)：898－891.

[97] JOO Y H，JUN S K，SANG S L. A Fast Path Planning by Path Graph Optimization [J]. IEEE Transactions on System，Man，and Cybernetics，2003，33(1)，121－128.

[98] 李春华，周成平，丁明跃，等. 动态环境中的飞行器实时三维航迹规划方法研究[J]. 宇航学报，2003，24(1)：38－42.

[99] 刘新，周成平，俞琪，等. 基于分层策略的三维航迹快速规划方法[J]. 宇航学报，2010，31(11)：2524－2529.

[100] 俞琪，刘新，周成平，等. 基于病毒遗传算法的快速航迹规划方法[J]. 宇航学报，2011，32(4)：756－761.

[101] 严江江，丁明跃，周成平，等. 一种基于可行优先的三维航迹规划方法[J]. 宇航学报，2009，30(1)：139－143.

[102] 傅阳光，周成平，丁明跃. 基于混合量子粒子群优化算法的三维航迹规划[J]. 宇航学报，2010，31(12)：2657－2664.

[103] 刘新，周成平，丁明跃. 无人机快速航迹规划算法[J]. 华中科技大学学报(自然科学版)，2011，39(4)：45－48.

[104] 刘月，魏瑞轩，刘敏，等. 用改进变异粒子算法实现突发威胁下的无人机航迹规划[J]. 电光与控制，2010，17(1)：22－25.

[105] 袁胜智，李牧，唐江. 巡逻攻击导弹协同侦察航路规划研究[J]. 电光与控制，2009，16(11)：1－3.

[106] 唐江，谢晓方，袁胜智. 巡飞导弹区域巡逻侦察航迹规划研究[J]. 弹箭与制导学报，2009，29(4)：223－225.

[107] 丁琳，高晓光，王健，等. 针对突发威胁的无人机多机协同路径规划的方法[J]. 火力与指挥控制，2005，30(7)：5－7.

[108] 马向玲，陈旭，雷宇曜. 基于数据链的无人机航路规划 A* 算法研究[J]. 电光与控制，2009，16(12)：15－21.

[109] 丁晓东，刘毅，李为民. 基于动态 RCS 的无人机航迹实时规划方法研究[J]. 系统工程与电子技术，2008，30(5)：868－871.

[110] 李士波，孙秀霞，王栋，等. 无人机动态环境实时航迹规划[J]. 系统工程与电子技术，2007，29(03)：399－401.

[111] 田雪涛，席庆彪. 基于混合整数线性规划无人机实时航迹规划[J]. 计算机仿真，2009，26(5)：72－75.

[112] 过金超，黄心汉，王延峰，等. 基于量子粒子群优化的在线航迹规划[J]. 计算机科学，2009，36(7)：237－239.

[113] 肖秦琨，高晓光. 基于混合动态贝叶斯的无人机路径规划[J]. 系统仿真学报，2006，18(5)：1301－1306.

[114] 龙涛，苏菲，朱华勇，等. 动态战场环境中无人机航迹规划方法研究[J]. 宇航学报，2006，27：24－27.

[115] CHANDLER P R，RASMUSSEN S J，PACHTER M. UAV Cooperative Path Planning［C］. Proceedings of AIAA Guidance，Navigation，and Control Conference and Exhibit，2000：2000，4370.

[116] ALIGHANBARI M，KUWATA Y，HOW J P. Coordination and Control of Multiple UAVs with Timing Constraints and Loitering［C］. Proceedings of the American Control Conference，2003：5311－5316.

[117] MCLAIN T W，BEARD R W. Trajectory Planning For Coordinated Rendezvous of Unmanned Air Vehicles［C］. Proceedings of AIAA Guidance，Navigation，and Control Conference and Exhibit，2000：1247－1254.

[118] MCLAIN T W，BEARD R W. Cooperative Path Planning for Timing-Critical Missions［C］. Proceedings of the American Control Conferenc，2003：296－301.

[119] BOIVIN E，DESBIENS A，GAGNON E. UAV Collision Avoidance Using Cooperative Predictive Control［C］. Proceedings of the 16th Mediterranean Conference on Control and Automation Congress Centre，2008：682－688.

[120] CLOUGH B T. Unmanned Aerial Vehicles：Autonomous Control Challenges，A Researcher's Perspective［J］. Journal of Aerospace Computing，Information and Communication，2003，2：327－347.

[121] EUN Y，BANG H. Cooperative Task Assignment/Path Planning of Multiple Unmanned Aerial Vehicles Using Genetic Algorithms［J］. JOURNAL OF AIRCRAFT，2009，46(1)：338－343.

[122] 高晓光，符小卫，宋绍梅. 多 UCAV 航迹规划研究［J］. 系统工程理论与实践，2004，24(5)：140－143.

[123] 丁琳. 多无人作战飞机协同攻击多目标的研究与应用［D］. 西安：西北工业大学，2005.

[124] 杨遵，雷虎民. 一种多无人机协同侦察航路规划算法仿真［J］. 系统仿真学报，2007，19(02)：433－436.

[125] 史和生，张晓红，梁鹤，等. 基于战术数据链的多飞行器飞行航路协同规划［J］. 中国电子科学研究院学报，2008，3(4)：415－420.

[126] 龙涛. 多协同任务控制中分布式任务分配与任务协调技术研究［D］. 长沙：国防科学技术大学，2006.

[127] 李远. 多 UAV 协同任务资源分配与编队轨迹优化方法研究［J］. 长沙：国防科学技术大学，2011.

[128] 郑昌文，丁明跃，周成平，等. 多飞行器协同航迹规划方法［J］. 宇航学报，2003，24(2)：115－120.

[129] 郑昌文，严平，丁明跃，等. 飞行器航迹规划研究现状与趋势［J］. 宇航学报，2007，28(6)：1441－1446.

[130] 苏菲，彭辉，沈林成. 基于协进化多子群蚁群算法的多无人作战飞机协同航迹规划研究[J]. 兵工学报，2009，30(11)：1562-1568.

[131] 杜萍，杨春. 飞行器航迹规划算法综述[J]. 飞行力学，2005(02)：10-14.

[132] HE B，LIU G，WANG Y Y. Radar Cooperative Mission Planning Algorithm Based on Signal Compression Technique [J]. Journal of Information and Computational Science，2011，7(14)：3275-3281.

[133] HE B，LIU G，WANG Y Y，et al. Cooperative Task Planning Using Improved Decision Tree Algorithm[J]. Journal of Convergence Information Technology，2011(06)：65-72.

[134] 史宗鹏，杜萍，毕义明. 基于 A* 算法的实时航迹规划方法研究[J]. 海军工程大学学报，2006(05)：79-82.

[135] 焦巍，刘光斌，张金生，等. 基于粒子群算法的地磁匹配航迹规划[J]. 系统工程理论与实践，2010(11)：2106-2111.

[136] 许立军，鲜勇. 基于一种混合算法的参考航迹规划[J]. 飞行力学，2008(06)：52-54+59.

[137] 许立军，鲜勇. 基于 A* 算法的多线程并行航迹规划方法研究[J]. 电光与控制，2009(09)：33-36+46.

[138] 张大巧，刘刚，鲜勇，等. 多航迹交叉的时空判断方法研究[J]. 计算机仿真，2010，27(1)：76-79.

[139] 张大巧，鲜勇，许立军，等. 基于改进 A* 的三维航迹快速规划方法[J]. 弹箭与制导学报，2010，30(5)：59-62.

[140] 王新增，李俊山. 具有时间约束任务的无人机航迹规划方法[J]. 火力与指挥控制，2011(12)：8-11.

[141] 虞蕾，赵宗涛. 应用 OBDD 和 PSL 的航迹规划方法研究[J]. 计算机应用与软件，2011(02)：47-51+105.

[142] 张大巧，鲜勇，王明海，等. 基于 Floyd 算法的灵活航迹规划方法[J]. 弹箭与制导学报，2011(06)：55-58.

[143] 张大巧，鲜勇，王明海，等. 基于多路径算法的选飞航迹规划方法研究[J]. 弹箭与制导学报，2011(04)：69-72.

[144] 高晓静. 虚拟地形仿真与航迹研究[D]. 西安：第二炮兵工程学院，2000.

[145] 许立军. XX 即时航迹规划方法研究[D]. 西安：第二炮兵工程学院，2009.

[146] 张大巧，王明海. XX 航迹规划方法研究[D]. 西安：第二炮兵工程学院，2011.

[147] 刘开封. 航迹评价及其应用研究[D]. 西安：第二炮兵工程学院，2010.

[148] 焦巍. 粒子群优化算法及其在地磁匹配航迹规划中的应用[D]. 西安：第二炮兵工程学院，2010.

[149] 罗寅生. 基于粒子群优化算法的路径规划研究[D]. 西安：第二炮兵工程学院，2010.

[150]　张中位. 基于混合遗传算法的路径规划研究[D]. 西安：第二炮兵工程学院，2009.

[151]　雷德明，严新平. 多目标智能优化算法及其应用[M]，北京：科学出版社，2009.

[152]　DEB K，PRATAP A，AGARWAL S，et al. "A fast and elitist multi-object genetic algorithm：NSGA –Ⅱ"，IEEE Transactions on Evolutionary Computation，2002，6(2)：182 – 197.

[153]　SHIMA T，RASMUSSEN S J，SPARKS A G，et al. Multiple Task Assignments for Cooperating Uninhabited Aerial Vehicles Using Genetic Algorithms [J]. Computers and Operations Research，2006，33(11)：3252 – 3269.

[154]　ZITZLER E，THIELE L. Multi-objective Evolutionary Algorithms：A Comparative Case Study and the Strength Pareto Approach[J]. IEEE Transactions on Evolutionary Computation，1999，3(4)：257 – 271.

[155]　ZJTZLER E，LAUMANNS M，THIELE L. SPEA2：Improving the Strength Pareto Evolutionary Algorithm [J]. Evolutionary Methods for Design，Optimization and Control with Applications to Industrial Problems，2002：95 – 100.

[156]　STOM R，PRICE K. Differential evolution：A SimpIe and Efficient Heuristic for Global Optimization Over Continuous spaces [J]. Journal of Global Optimization，1997，11：341 – 359.

[157]　RUNARSSON T P，YAO X. Search Biases in Constrained Evolutionary optimization [J]. IEEE Transactions on System，Man and Cybernetics-Part C：Applications and Reviews，2005，35(2)：233 – 243.

[158]　DEB K，PRATAP A，MEYARIVAN T. Constrained Test Problems for Multi-objective Evolutionary Optimization[C]. In Proceedings of the 1st International Conference on Evolutionary Multi-Criterion Optimizaiton，2001：284 – 298.

[159]　SARKER R，ABBASS H A，KARIM S. An Evolutionary Algorithm for Constrained Multi-objective Optimization Problems [C]. In The 5th Australasia-Japan Joint Workshop on Intelligent and Evolutionary Systems，2001：113 – 122.

[160]　JIMENEZ F，GOMEZ-SKARMETA A F，SANCHEZ G，et al. An Evolutionary Algorithm for Constrained Multi-objective Optimization[C]. In Proceedings of the 2002 IEEE Congress on Evolutionary Computation，2002：1133 – 1138.

[161]　CHAFEKAR D，XUAN J，RASHEED K. Constrained Multiobjective Optimization Using Steady State Genetic Algorithms[C]. In Proceedings of the 2003 Genetic and Evolutionary Computation Conference，Part I，2003：813 – 824.

[162]　邹秀芬，刘敏忠，吴志健，等. 解约束多目标优化问题的一种鲁棒的优化算法[J]. 计算机研究与进展，2004，6：985 – 990.

[163]　王跃宣，刘连臣，牟盛静，等. 处理带约束的多目标优化进化算法[J]. 清华大学学报(自然科学版)，2005，45(1)：103 – 106.

[164]　GENG H，ZHANG M，HUANG L，et al. Infeasible Elitists and Stochastic Ranking Selection in Constrained Evolutionary MuIti-objective Optimization[C]. In Proceedings of the 6th International Conference on Simulated And Learining，2006：336 – 343.

[165]　ZHANG M，GENG H，LUO W，et al. A hybrid of differential evolution and genetic algorithm for constrajned multjobjective optimization problems[C]. In proceedings of the 6th International Conference on Simulated Evolution and Learning，2006：318 – 327.

[166]　刘淳安，王宇平. 约束多目标优化问题的进化算法及其收敛性[J]. 系统工程与电子技术，2007，29(2)：277 – 280.

[167]　刘刚，何兵，赵鹏涛，等. 智能攻击技术[Z]. 西安：第二炮兵工程学院，2011.

[168]　叶文，范洪达，朱爱红. 无人飞行器任务规划[M]. 北京：国防工业出版社，2011.

[169]　郑昌文，严平，丁明跃，等. 飞行器航迹规划[M]. 北京：国防工业出版社，2008.

[170]　范洪达，马向玲，叶文. 飞机低空突防航路规划技术[M]. 北京：国防工业出版社，2007.

[171]　LEMAIRE T，ALAMI R，LACROIX S. A Distributed Tasks Allocation Scheme in Multi-UAV Context[C]. IEEE International Conference on Robotics and Automation New Orleans，2004.

[172]　BELLINGHAM J，TILLERSON M，RICHARDS A，et al. Multi-Task Allocation and Path Planning for Cooperative UAVs [M]. Kluwer Academic Publishers，2003：23 – 41.

[173]　BEARD R W，MCLAIN T W，GOODRICH M A，et al. Coordinated Target Assignment and Intercept for Unmanned Air Vehicles [J]. IEEE Transactions on Robotics and Automation，2002，18(6)：911 – 922.

[174]　彭建亮，戴通伟，孙秀霞. 基于 Voronoi 图和遗传算法的航迹规划[J]. 电光与控制，2009，16(3)：9 – 12.

[175]　何艳萍，张安，刘海燕. 基于 Voronoi 图与蚁群算法的航路规划[J]. 电光与控制，2009，16(11)：22 – 24＋54.

[176]　赵文婷，彭俊毅. 基于 VORONOI 图的无人机航迹规划[J]. 系统仿真学报，2006，18(2)：159 – 165.

[177]　张同法，于雷，刘文杰. 基于 Dijkstra 算法的航迹规划方法研究[J]. 弹箭与制导学报，2008，28(4)：65 – 67.

[178]　孙阳光，丁明跃，周成平，等. 基于量子遗传算法的无人飞行器航迹规划[J]. 宇航学报，2011，31(3)：648 – 654.

[179]　傅阳光，周成平，丁明跃. 基于混合量子粒子群优化算法的三维航迹规划[J]. 宇航学报，2010，31(12)：2657 – 2664.

[180]　王磊. 免疫进化计算理论及应用[D]. 西安：西安电子科技大学，2001.

[181] 莫宏伟. 人工免疫系统[M]. 哈尔滨：哈尔滨工业大学出版社，2002.

[182] 焦李成，杜海峰. 人工免疫系统进展与展望[J]，电子学报，2003，31(10)：1540-1547.

[183] 李盼池，李士勇. 求解连续空间优化问题的混沌量子免疫算法[J]. 模式识别与人工智能，2007，20(5)：654-660.

[184] 李映，张艳宁，赵荣椿，等. 免疫量子进化算法[J]. 西北工业大学学报，2005，23(4)：543-547.

[185] HAN K H, KIN J H. Quantum-Inspired Evolutionary Algorithms with a New Termination Criterion, H_ϵ Gale, and Two-Phase Scheme [J]. IEEE Trans on Evolutionary Computation，2004，8(2)：156-169.

[186] HAN K H, KIM J H. Quantum-Inspired Evolutionary Algorithm for a Class of Combinational Optimization [J]. IEEE Trans on Evolutionary Computation，2002，6(6)：580-593.

[187] 李阳阳，焦李成. 量子克隆遗传算法[J]. 计算机科学，2007，34(11)：147-149.

[188] 吴秋逸，焦李成，李阳阳，等. 自适应量子免疫克隆算法及其收敛性分析[J]，模式识别与人工智能，2008，21(5)：592-597.

[189] 焦李成，尚荣华，马文萍，等. 多目标优化免疫算法、理论和应用[M]. 北京：科学出版社，2010.

[190] 宋建梅，李侃. 基于 A* 算法的远程导弹三维航迹规划算法[J]，北京理工大学学报，2007，27(7)：613-617.

[191] SEZER E. Mission Route Planning with Multiple Aircraft& Targets Using Parallel A* Algorithm [D]. Air Force Institute of Technology Air University，2000.

[192] KOENIG S，LIKHCHEV M，FURCY D. Lifelong planning A* [J]. Artificial Intelligence，2004，155(3)：93-146.

[193] 鲍帆，姜长生. 基于 LPA* 算法的无人机三维航迹快速规划研究[J]. 电光与控制，2008，15(12)：10-13.

[194] RICHARDS N D，SHARMA M，WARD D G. A Hybrid A* /Automaton Approach to On-Line Path Planning with Obstacle Avoidance [C]. AIAA 1st Intelligent Systems Technical Conference，2004，2004-6229.